法式烘焙教科书

CHRISTOPHE FELDER

PATISSERIE!

马卡龙 面包 小点心

法国金牌主厨的烘焙课

[法] 克里斯托弗·费德尔
郭晓赓 译

中国轻工业出版社

图书在版编目（CIP）数据

法式烘焙教科书．4，马卡龙·面包·小点心/（法）费德尔著；郭晓赓译．—北京：中国轻工业出版社，2016.7
ISBN 978-7-5184-0628-9

Ⅰ．①法… Ⅱ．①费… ②郭… Ⅲ．①甜食—制作—法国 Ⅳ．①TS972.134

中国版本图书馆CIP数据核字（2015）第238914号

版权声明：

Pâtisserie, l'ultime référence by Christophe Felder © 2010 Éditions de la Martinière. This Simplified Chinese edition is published by China Light Industry Press, arrangement with Éditions de la Martinière through Dakai Agency.

责任编辑：高惠京　　责任终审：张乃柬　　封面设计：伍毓泉
版式设计：锋尚设计　　责任校对：燕　杰　　责任监印：马金路

出版发行：中国轻工业出版社（北京东长安街6号，邮编：100740）
印　　刷：北京博海升彩色印刷有限公司
经　　销：各地新华书店
版　　次：2016年7月第1版第1次印刷
开　　本：787×1092　1/16　　印张：15.5
字　　数：350千字
书　　号：ISBN 978-7-5184-0628-9　　定价：78.00元
著作权合同登记　图字：01-2012-8018
邮购电话：010-65241695　传真：65128352
发行电话：010-85119835　85119793　传真：85113293
网　　址：http://www.chlip.com.cn
Email：club@chlip.com.cn
如发现图书残缺请直接与我社邮购联系调换
120716S1X101ZYW

作者序

《法式烘焙教科书》的出版目的是什么？答案就是：消除人们烘焙的挫败感，在保留原味的同时去除夸张繁杂的炫技；希望在不降低成品质量的情况下，将经过精心简化的烘焙技巧分享给大家。

我是第一个逐步推广这种课程和理念的人，效果是显而易见的：从2006年起，这套系列书先后获得了法国昂古莱姆旅游美食杂志的创新奖。如今，我的这种理念也逐渐为大众所接受。近年来，不少杂志开始报道和推广我的理念，证明了这种方法是合适的。其实，不同于传统烹饪，烘焙是一门精细准确的技术。从第一个步骤开始一直到完成，整个烘焙过程都要求操作者具备扎实的基本功，包括称重、测量、时间控制等，每一个环节都是极其严格和精确的。操作者首先应该秉持着学习的态度，认真并严格地遵守操作步骤，唯有掌握了基础才能有所创新；绝不能弄虚作假，或者随意篡改用料量，一定要克制自己，严格按照基础食谱上的用料量操作。

乍一看，这似乎很苛刻，可能会让很多原本喜欢烘焙但尚未掌握技巧的人望而却步。为了消除大家的顾虑，我设计了分解的操作步骤，以便读者能更直观地了解具体的技巧，并通过严谨叙述和分步图将最大的信息量传递给读者。

无论如何，我认为最重要的仍是要热爱烘焙这门艺术。你会发现这套书里的都是专业食谱，我没有做任何删除：没有删除用料，没有舍弃任何一个细节，也没有简化某个程序或结构。我所做的只是修改了深奥的术语，更精确、规范地加以表述，同时更准确地演示操作技巧。这套书的编写始终秉持并遵循精准通俗的原则，不会让读者像阅读科学理论书籍那样困惑难懂。所以，大家可以在书中找到各种完整食谱的配方和做法。我相信通过学习，每个人都可以成功完成糕点的制作。

“追求制作完美糕点的乐趣是我们永恒的美妙体验。”

克里斯托弗·费德尔

目录

面包 LES BRIOCHES ET VIENNOISERIES 94

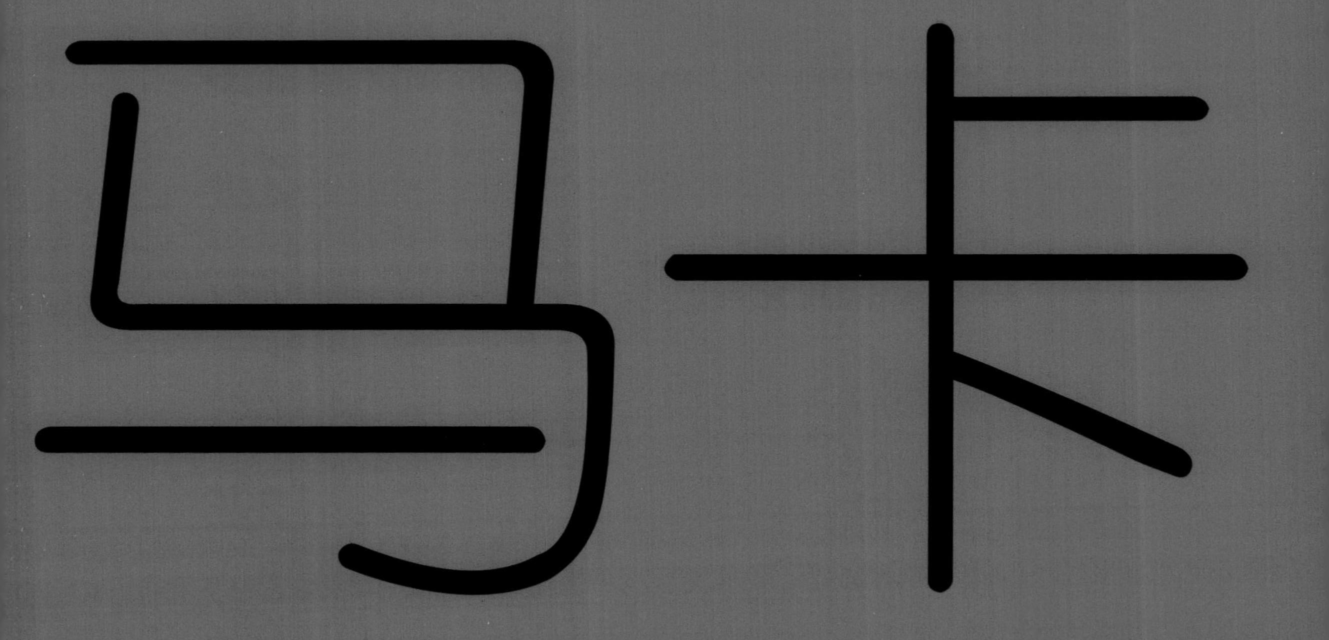

LES MACARONS

龙

制作马卡龙
La fabrication des macarons

首要食材
Les matières premières

糖 Les sucres

糖多是从甜菜或甘蔗中提取的。

制作马卡龙的糖种类有：

细砂糖粉：主要用于蛋清的打发。最好选用细砂糖，特别精细的细砂糖可以比冰糖更好地溶解在原料里。细砂糖粉的含糖量为99.9%。

冰糖粉：基础面团的组成是由冰糖研磨且掺有淀粉，目的是避免冰糖粉凝结成块。

最重要的是，在使用冰糖粉时要用细筛网去除凝结的小颗粒。冰糖粉的含糖量为97%（除非在包装盒上另有明确的说明），另有3%的淀粉，也叫作含淀粉的糖粉。

杏仁 L'amande

这里的杏仁是指巴旦杏源自巴旦木树，这种树木广泛分布在地中海盆地，其所结果实的种子，富含油脂，各种形状均可食用。

对于马卡龙来说，主要使用的原料是杏仁粉，是由去皮的巴旦杏仁研磨而成，精细度或多或少有所不同。所以，需要从供货商那里寻找优质的杏仁粉来制作马卡龙。

一旦打开包装，杏仁粉就需要放入密封的盒子内保存，避免受潮。

蛋清 Les blancs d'oeufs

蛋清来自鸡蛋，经过分离获得。一个蛋清的平均重量为30克。

建议最好选用新鲜整蛋，亲手分离蛋清。

为了使蛋清能够顺利地打发并达到所需要的程度，需要使用非常干净的容器，不能沾有任何油渍。

工具
Le matériel

在选择食谱和制作时，使用的工具也略有不同。下面详细介绍制作马卡龙时必须使用的工具：

电动搅拌机 Un batteur électrique

电动搅拌机需放在底座上，也有一种手持的电动搅拌机，它们都是将蛋清打发的重要工具，避免厨师过度劳累。使用电动搅拌机时，要选配钢丝搅棒，直到将蛋清打发至均匀。

打碎机 Un mixeur électrique

打碎机并非必需，但是非常实用。混合好的原料不用过细筛网，用打碎机将混合原料打成细末即可。

手持式打碎机 Un mixeur plongeant

非常实用，可用于加工少量原料及馅料等。

温度计 Un thermomètre

测糖温度计，温度为80～200℃。通常此温度计周围有不锈钢圈保护。

不要用这种温度计测量巧克力的温度（10～120℃），否则会损坏温度计。也可以使用电子测温计，可以比较精确地测出温度，但是价格较贵。

挤袋 Une poche à douille

挤袋是制作马卡龙时最实用的工具，它可以使马卡龙成为规则的圆形。需要使用两种圆口平头挤嘴：直径8毫米或者10毫米的挤嘴，直径较大的用来制作马卡龙的硬壳，直径较小的用来挤马卡龙的馅心。

烤盘 Les plaques de cuisson

可以使用烤箱配套的烤盘。但是，最好能有另一个额外的烤盘，这样能提高效率。

此外，就是面点房通常使用的一些基础工具，如胶皮铲、木铲、打蛋器及混合原料所用的容器等。

主要食谱

Principe des recettes

关于马卡龙，有两个流派：法式流派习惯在打发的蛋清中加糖；而意式流派则通常在打发的蛋清中加入热糖浆。

本书中大部分食谱会使用第二种方法来制作马卡龙。当然，这种方法会在准备过程中稍微复杂些，但是会大大增加成品的成功率，需要仔细地观察每个不同的步骤。

总之，我们提供了两种操作过程，分别在第16页和第22页。颜色和馅心会在不同的种类中相互对应。

关于马卡龙的食谱及其搭配的馅心：制作过程中都会以蛋白霜的颜色作为开始，也就是说，每个食谱最开始制作时都会重复这些基础操作步骤，当然我们也会最大限度地提供不同类型的馅心。

马卡龙的原则要求 Le principe du macaron

做好的马卡龙被称作“巴黎式的”，也就是说，马卡龙是由两块饼干硬壳和中间调香的馅心组合在一起的。接下来的操作步骤：将蛋白霜（凉或热）与杏仁粉、糖粉（被称作杏仁糖粉“TPT”）混合搅拌。

马卡龙的颜色 La coloration des macarons

几种主要的马卡龙混合颜色。

不要忘记，烤马卡龙外壳的过程中，颜色会变淡变浅。可以在商店购买各种颜色的马卡龙，颜色取决于色素的浓度。

马卡龙的香味	使用色素
草莓 /覆盆子 /玫瑰或红色浆果	红色（或粉色），如果有必要可以加一点可可粉使颜色变暗
柠檬	黄色
咖啡 /焦糖 /糖衣干果碎	浓缩咖啡里加一点黄色提亮
开心果 /青柠 /薄荷 /橄榄油	可在绿色里加些黄色，也可以加入蓝色使颜色变暗
芒果 /杏 /橙子 / 西番莲 / 橙花	红色和黄色
紫罗兰 / 黑加仑 / 无花果	红色加一点点蓝色
黑巧克力 / 牛奶巧克力	在面团中加入可可粉及一点红色来提色
甘草	黑色

马卡龙的制作 Pour la cuisson des macarons

最好选用带风扇的烤箱，这种烤箱可以加快烘烤速度和马卡龙的均匀度。

烘烤中期转动烤盘是非常重要的，这样可以使马卡龙整体保持一致。

如果有可能的话，可以在烤箱内同时放入两盘马卡龙。因为烘烤过程中需要转动烤盘，所以时间需要稍微延长，约2分钟。

马卡龙直径	烹制温度	烹制时间
小型：直径小于4厘米	160℃	8～10分钟
标准：四五厘米	170℃	10～12分钟
独立个体：直径6～8厘米	170～180℃	12～15分钟
蛋糕：直径16厘米以上	170～180℃	15～17分钟

所有类型马卡龙的烘烤时间只能给出大概的时间作为参考，需要根据烤箱功能而有所调整。关于检验烤好的马卡龙外壳，需要将马卡龙翻面，当底部不会特别粘黏油纸即可，待完全冷却再瓤馅。

马卡龙的储存 Le stockage et la conservation des macarons

为了保证制作的马卡龙（小型）的口味及质感，最好放在密封的盒子内，在冰箱冷藏一晚，使香味完全散发出来。然后，可以在密封的盒子内冷藏，最多保存二三天。如果时间过久，马卡龙将失去口味和良好的品质。

如果需要将马卡龙储存更长的时间，可以放入密封的盒子内冷冻保存。准备享用前，将盒子从冷冻室取出放在冰箱冷藏室一晚即可。

但是，最多只能再保存一二天。

课程 1 马卡龙：意式烤蛋白
Macaron: meringue italienne

- 称量所需的原料。
- 将烤箱预热至170℃。
- 将杏仁粉和糖粉放入打碎机的钢桶内（图1），搅拌30秒（图2），直到杏仁粉变得更细（也叫作“TPT”杏仁糖粉，专业制作马卡龙使用）（图3）。
- 用细筛网将杏仁糖粉筛入一个容器内（图4）。
- 如果没有打碎机，可以将杏仁粉和糖粉直接过细筛网即可。
- 将水和细砂糖倒入厚底锅中，搅拌均匀（图5和图6），然后中火加热。

(…)

原料

约40个马卡龙

准备时间：30分钟

制作时间：每炉烤10～12分钟

工具

1支测糖温度计（最高刻度为200℃）

2个（或更多）烤盘

几张油纸

1把干净的刷子

1台电动搅碎机

1个挤袋及1个平头圆口挤嘴（直径8毫米或10毫米）

杏仁粉　200克

糖粉　200克

水　50毫升

细砂糖　200克

蛋清2份　75克（准确的重量非常重要！约5个蛋清）

1　将杏仁粉和糖粉放入打碎机的钢桶内。

2　开动搅碎机，搅拌30秒。

3　直到杏仁粉与糖粉混合变得更细（也叫作“TPT”杏仁糖粉）。

4　将杏仁糖粉用细筛网筛入一个容器内。

5　将水和细砂糖倒入厚底锅中。

6　用铲子搅拌均匀，中火加热。

(…)

马卡龙：意式烤蛋白

Macaron: meringue italienne

- 将刷子蘸冷水不时地清理锅内壁（图7），直到将内壁的糖完全刷掉。
- 这时将测糖温度计插入锅中（图8），温度达到118~119℃时即可。
- 在此期间，将75克蛋清倒入搅拌钢桶内（图9）。
- 随时观察锅中的温度计，当温度达到114℃时，将搅拌机的速度调到最高（图10）。
- 当糖浆达到118~119℃时，离火。调慢搅拌机的速度（中挡），将热糖浆一点一点地倒入打发的蛋清内（图11），注意要顺着搅拌钢桶的边缘倒入糖浆，避免热糖浆外溅。
- 当所有的热糖浆都倒入搅拌钢桶后，将搅拌机调至高速，使烫蛋白霜（这种“意大利式”的蛋白霜是由蛋清和热糖浆组成）变凉。

- 此时，将另外75克蛋清倒入杏仁糖粉中（图12），用木铲搅拌（图13），直到和成浓稠的杏仁蛋白面糊（图14）。

- 关闭搅拌机，此时的蛋白霜应该表面光滑，明亮且紧实（图15），打蛋器顶端的蛋白霜能够形成固定的尖，叫作“鸟嘴”。
- 用手指触摸烫蛋白霜检验温度（图16），烫蛋白霜比手指的温度略高。
- 用胶皮铲取一小部分蛋白霜（图17），加入杏仁蛋白面糊内。

(…)

7 如果发现锅边内壁粘有糖颗粒，立即用刷子蘸冷水清理。

8 这时在锅中插入测糖温度计，观察温度（从114℃开始，直到118～119℃）。

9 将75克蛋清倒入搅拌钢桶内。

10 当糖浆达到114℃时，将搅拌机的速度调至高速，将蛋清打发。

11 当糖浆达到118～119℃时，离火。调慢搅拌机的速度，将热糖浆一点一点地倒入打发的蛋清内。然后，加快搅拌速度，使烫蛋白霜变凉。

12 将另外75克蛋清倒入杏仁糖粉中。

13 用铲子搅拌。

14 直到和成浓稠的杏仁蛋白面糊。

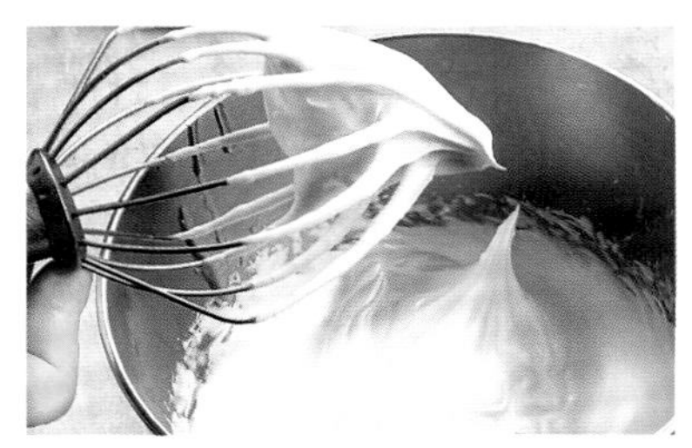

15 这是搅拌好的蛋白霜：表面光滑，明亮且紧实。

16 用手指触摸烫蛋白霜检验温度：比手指温度略高，不凉即可。

17 取一小部分蛋白霜加入杏仁蛋白面糊内。

(…)

马卡龙：意式烤蛋白
Macaron: meringue italienne

- 搅拌至杏仁蛋白面糊变稀（图18），然后再加入剩余的蛋白霜（图19），继续搅拌，要小心地将沉积在容器底部的原料一起搅拌。
- 直到所有原料搅拌均匀，呈半流体的状态为止（图20）。

- 烘烤前，在油纸上用直径4厘米的圆形模具（或杯子）戳出多个圆形（图21），以保证马卡龙的大小一致。
- 用一张新油纸覆盖在画有圆圈的油纸上（图22），用曲别针固定两张油纸。
- 将混合均匀的马卡龙面糊装入挤袋的一半处（图23），根据事先画好的圆圈，在油纸上挤出扁圆形。（图24）。
- 将挤满的整张油纸挪到烤盘里，用手掌轻轻拍打烤盘底部（图25），使马卡龙面糊表面平整（图26）。放入烤箱烤10～12分钟，中间调转一次烤盘方向。
- 烤好的马卡龙硬壳底部应该有漂亮的皱边和表面淡淡的金黄色（图27）。
- 待马卡龙硬壳完全冷却后，再根据自己的需要填馅。

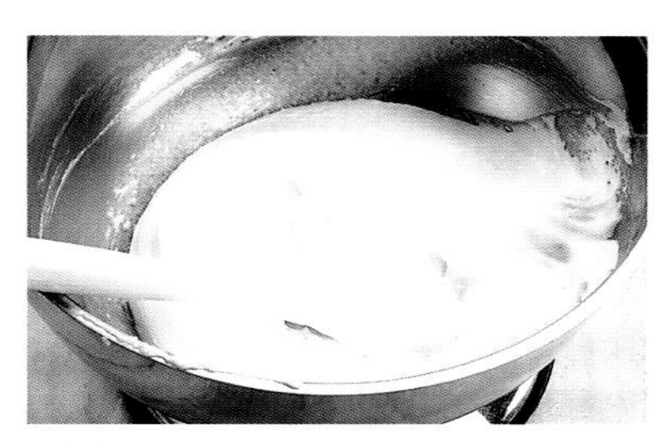

18 搅拌至杏仁蛋白面糊变稀。

19 加入剩余的蛋白霜。

20 继续搅拌，直到所有原料搅拌均匀，呈半流体状为止。

21 在油纸上用直径4厘米的圆形模具画出多个圆形。

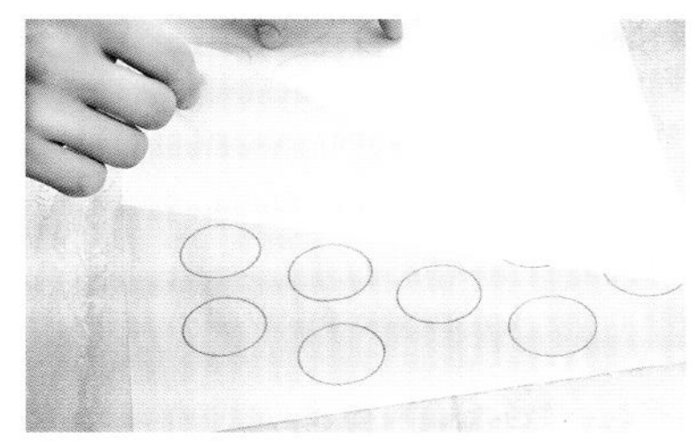

22 再用一张新油纸覆盖在画有圆圈的油纸上。

23 将混合均匀的马卡龙面糊装入挤袋。

24 根据事先画好的圆圈，在油纸上挤出扁圆形。

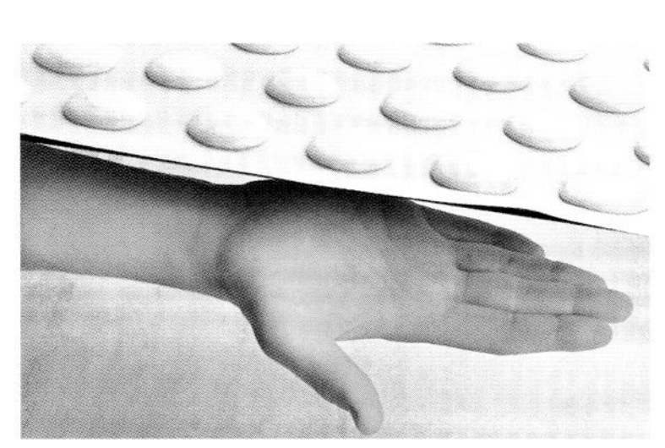

25 用手掌轻轻拍打烤盘底部。

26 使马卡龙面糊表面平整。放入预热至160℃的烤箱，烤10 ~ 12分钟。中间调转一次烤盘方向。

27 这是烤好的马卡龙：表面略微金黄且大小一致。

课程2 马卡龙：法式烤蛋白 Macaron: meringue française

- 将烤箱预热至170℃。
- 将糖粉和杏仁粉倒入搅碎机中（图1），搅拌30秒，使两种原料混合均匀。
- 当然，也可以用手混合两种原料，再用细筛网筛入容器内。
- 将蛋清倒入搅拌钢桶内，快速搅打。
- 当蛋清充满小气泡时，撒入细砂糖（图2），搅拌十几分钟（这个过程的目的是破坏蛋清的质地），直到打发的蛋白霜紧实纯白（图3）。
- 将搅拌均匀的杏仁糖粉（TPT）倒入蛋白霜内（图4）。
- 用胶皮铲轻轻搅拌（图5），直到杏仁糖粉与蛋白霜完全混合。
- 用轻轻折叠的方法混合原料，也就是说，要快速将原料混合均匀，破坏蛋白霜的气泡，避免烘烤马卡龙时表面破裂。此时的马卡龙面糊呈流体，浓稠（图6）。
- 烘烤前，在油纸上用直径4厘米的圆形模具（或杯子）戳出多个圆形，以保证马卡龙的大小一致。再用一张新油纸覆盖在画有圆圈的油纸上，用曲别针固定两张油纸。
- 将混合均匀的马卡龙面糊装入挤袋的一半处，在铺有油纸的烤盘上挤出小球（图7）。
- 用手掌轻轻拍打烤盘底部，使马卡龙面糊表面平整。
- 放入烤箱烤10~12分钟，中间调转一次烤盘方向。
- 马卡龙硬壳烤好后，放在不锈钢箅子上冷却。

- 建议：这款马卡龙虽简单易做，但是也更加脆弱，表面可能会有轻微的破裂。如果出现这种情况，下次制作时就要延长马卡龙面糊的折叠搅拌时间。

原料

约40个马卡龙

准备时间：35分钟

制作时间：每炉烤10～12分钟

工具

1台搅碎机

1个挤袋和一个平头圆口挤嘴（直径8毫米或10毫米）

2个覆盖油纸的烤盘

糖粉 225克

杏仁粉 125克

蛋清 100克 （约3.5个蛋清）

细砂糖 25克

1 将糖粉和杏仁粉倒入搅碎机中，搅拌30秒。

2 当蛋清充满小气泡时，撒入细砂糖，搅拌十几分钟。

3 直到打发的蛋白霜紧实纯白。

4 将全部搅拌均匀的杏仁糖粉倒入蛋白霜内。

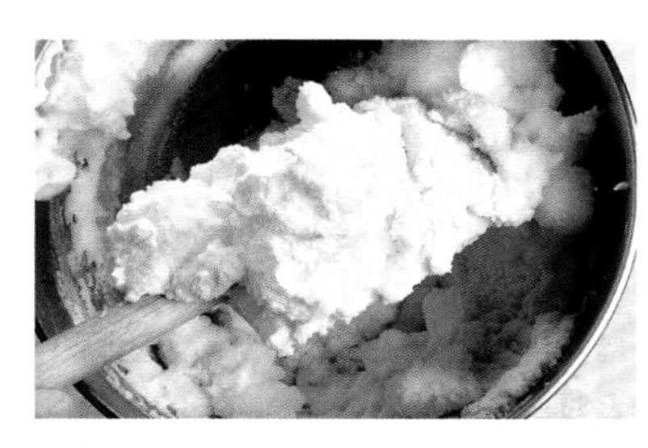

5 用胶皮铲轻轻搅拌。

6 直到杏仁糖粉与蛋白霜完全混合。

7 将混合均匀的马卡龙面糊装入挤袋，在铺有油纸的烤盘上挤出小球。放入烤箱烤10～12分钟，中间调转一次烤盘方向。

课程3 覆盆子马卡龙
Macaron à la framboise

- 首先制作覆盆子馅心。
- 将覆盆子和细砂糖倒入厚底锅中（图1），中火加热（图2）。
- 当覆盆子开始略微溶化变稀时离火，用胶皮铲压碎（图3）。
- 为了使果酱更加细腻，可以使用手持电动搅拌器搅碎（图4）。
- 覆盆子果酱搅拌均匀后（图5），再次用中火加热。
- 然后加入过滤的柠檬汁（图6），避免柠檬子掉入锅中。
- 煮开二三分钟（图7）。将少许的覆盆子果酱倒在一个凉盘子上（图8），检查成熟度。如果盘子上的果酱立即凝固且浓稠，表示覆盆子果酱就做好了。
- 待覆盆子果酱放温后，倒入容器内，放入冰箱冷藏至凝固变硬。

- 在此期间，制作马卡龙。
- 将烤箱预热至170℃。
- 按照第16页的第1-16步骤完成马卡龙蛋白霜的基础操作。
- 烫蛋白霜变温时即可加入食用红色素（图9），用量取决于色素的浓稠度。

(…)

原料

约40个马卡龙

准备时间：50分钟

制作时间：每炉烤10～12分钟

放置时间：1小时

覆盆子馅心原料

新鲜或冷冻（碎粒或整粒）的覆盆子 350克

细砂糖 200克

柠檬汁 15克

马卡龙面糊原料

杏仁粉 200克

糖粉 200克

水 50毫升

细砂糖 200克

蛋清2份 75克（准确的重量非常重要！约5个蛋清）

食用红色素及几捏无糖可可粉

1 将覆盆子和细砂糖倒入厚底锅中。

2 中小火加热至覆盆子慢慢溶化。

3 用胶皮铲慢慢搅拌并将覆盆子压碎。

4 用手持电动搅拌器搅碎，使果酱更加细腻润滑。

5 待覆盆子果酱搅拌均匀，再次用中火加热。

6 加入过滤的柠檬汁。

7 加热煮开几分钟，蒸发掉部分水分。

8 将少量的覆盆子果酱倒在一个凉盘子上，检查成熟度。如果盘子上的果酱立即凝固且浓稠，覆盆子果酱就做好了。放入冰箱冷藏。

9 当烫蛋白霜变温后即可加入食用红色素（当然也可以再加入几捏无糖可可粉。）

(…)

覆盆子马卡龙
Macaron à la framboise

- 理想的覆盆子马卡龙应该是暗红色（图10）。如果颜色太浅，可以加入一两捏无糖可可粉。
- 用木铲先将一部分的红色蛋白霜加入混合好的细砂糖杏仁粉及蛋清中（图11），将所有原料搅拌均匀。
- 再加入剩余的红色蛋白霜，搅拌至马卡龙面糊细腻均匀润滑且颜色一致（图12）。
- 将混合均匀的红色马卡龙面糊装入挤袋，在铺有油纸的烤盘上挤出小球。
- 放入烤箱烤10～12分钟，中间调转一次烤盘方向。
- 马卡龙硬壳烤好后，放在不锈钢箅子上，冷却后再填馅。

- 覆盆子馅心冷却凝固后即可使用，先将马卡龙硬壳翻过来，在中央轻轻下压（图13），这样可以多放一些馅心。
- 将一半的马卡龙硬壳正面朝上摆放成一排，再将另一半背面朝上摆放成一排（图14），交替摆放在整个烤盘上。
- 将之前做好的覆盆子馅心装入带有平头圆口小挤嘴（直径5毫米）的挤袋中，然后挤在每个背面朝上的马卡龙硬壳中央，呈小球状（图15）。
- 将旁边正面朝上的马卡龙硬壳盖在覆盆子馅心上（图16）。
- 注意在盖的同时向下轻压，将馅心压至马卡龙硬壳的边缘即可，使馅心可以填满整个马卡龙，不会出现内部较干的情况。
- 最后，将做好的覆盆子马卡龙放在一个大盘子中，在冰箱内冷藏1小时固定成形。
- 如果需要储存，可将马卡龙放入密封盒子内。

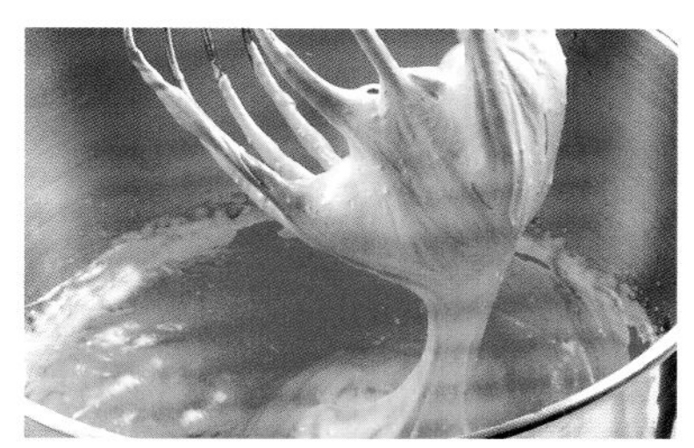

10 这是做好的覆盆子马卡龙蛋白霜的颜色，呈暗红色。

11 先将一部分的红色蛋白霜加入混合好的细砂糖杏仁粉及蛋清中，搅拌均匀。

12 再加入剩余的红色蛋白霜，搅拌均匀后装入挤袋，在铺有油纸的烤盘上挤出小球。放入预热至170℃的烤箱，烤10～12分钟。

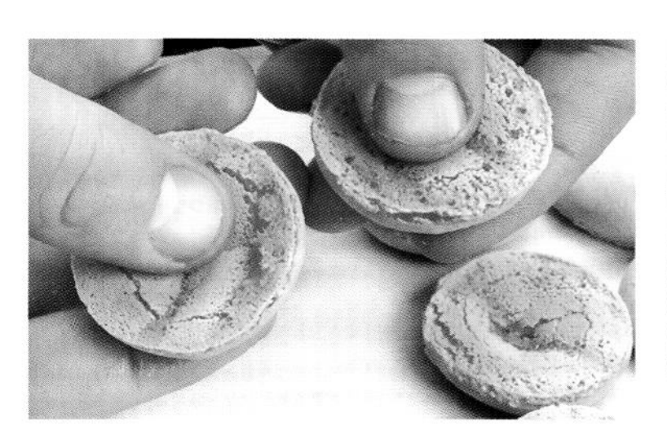

13 将放凉的马卡龙硬壳翻面，在中央轻轻下压。

14 将一半的马卡龙硬壳正面朝上摆放成一排，然后将另一半背面朝上摆放成一排，交替摆放在整个烤盘上。

15 将覆盆子馅心挤在每个背面朝上的马卡龙硬壳中央。

16 再将旁边正面朝上的马卡龙硬壳轻轻地盖在覆盆子馅心上。

盖的同时向下轻压，将馅心压至马卡龙硬壳的边缘即可。之后放入冰箱冷藏1小时，即可享用。

课程4 罗勒柠檬马卡龙

Macaron au citron jaune et basilic

- 首先制作罗勒柠檬馅心。
- 将半张结力片放入冷水中浸软。
- 将鸡蛋倒入厚底锅中（图1），再加入细砂糖（图2），轻轻搅拌均匀（图3）。
- 加入鲜榨并过滤的柠檬汁（图4），不停搅拌，中火加热（图5）。
- 用手将罗勒叶撕碎后加入锅中（图6）。
- 当锅中的罗勒柠檬酱汁煮开，且变得越来越浓稠像牛奶蛋黄酱一样即可。整个熬煮过程中需要不停地搅拌。
- 这时将泡软挤干水的结力片加入锅中（图7），搅拌均匀。
- 用细筛网过滤到小块黄油中（图8）。
- 用手持搅拌机搅拌1分钟（图9），直到罗勒柠檬馅料搅拌均匀细腻，表面光亮。

（…）

原料

约40个马卡龙

准备时间：1小时
制作时间：每炉烤10～12分钟
放置时间：至少2小时

罗勒柠檬馅心原料
结力片　1/2张
鸡蛋　140克（3个中等大小的鸡蛋）
细砂糖　135克
柠檬汁　130毫升（约2.5个柠檬）
罗勒叶　10片（中等大小）
小块黄油　175克
杏仁粉　30克

马卡龙面糊原料
杏仁粉　200克
糖粉　200克
水　50毫升
细砂糖　200克
蛋清2份　75克（约5个蛋清）
食用黄色素　少许

1　将半张结力片放入冷水中浸软。将鸡蛋倒入厚底锅中。

2　再加入细砂糖。

3　用打蛋器搅拌。

4　加入柠檬汁，搅拌。

5　中火加热，不停搅拌。

6　用手将罗勒叶撕碎后加入锅中。当罗勒柠檬酱汁煮开且越来越浓稠时即可离火。

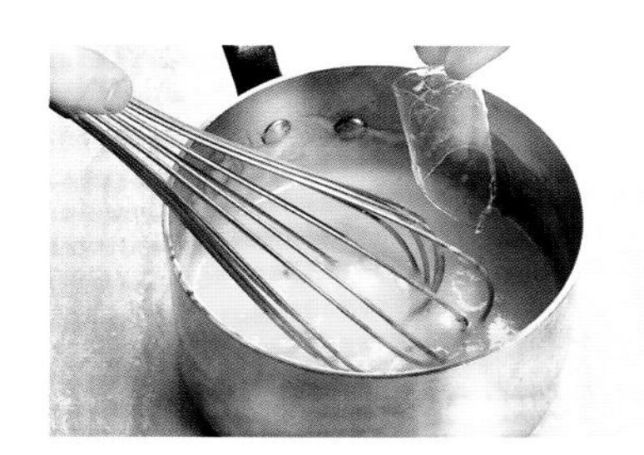

7　加入半张挤干水的结力片，搅拌。

8　用细筛网过滤到小块黄油中。

9　用手持搅拌机搅拌1分钟，直到罗勒柠檬馅料搅拌均匀细腻，表面光亮。

(…)

罗勒柠檬马卡龙

Macaron au citron jaune et basilic

- 最后，加入杏仁粉，用胶皮铲搅拌均匀（图10）。
- 用保鲜膜密封好，放入冰箱冷藏，放置至少2小时。

- 接下来制作柠檬马卡龙硬壳。
- 将烤箱预热至170℃。
- 按照第16页的第1-16步骤完成马卡龙蛋白霜的基础操作。
- 当烫蛋白霜变凉后，加入食用黄色素（图11）。
- 搅拌均匀的黄色蛋白霜光亮柔滑（图12）。
- 将黄色蛋白霜分两次加入杏仁蛋白面糊内，直到搅拌均匀（图13）。
- 将黄色马卡龙面糊装入挤袋，在铺有油纸的烤盘上挤成略扁的小球。
- 放入烤箱烤10~12分钟，中间调转一次烤盘方向。

- 当马卡龙硬壳烤好并放凉后，将总量一半的马卡龙硬壳翻面，将中央的部位用手指轻轻下压（图15）。
- 按照此方法，将一半的马卡龙硬壳正面朝上摆放成一排，然后将另一半背面朝上摆放成一排，交替摆放在整个烤盘上（图16）。

- 将罗勒柠檬馅心装入带有平头圆口小挤嘴的挤袋中。
- 挤在每个背面朝上的马卡龙硬壳中央，呈小球状（图17）。
- 再将旁边正面朝上的马卡龙硬壳盖在罗勒柠檬馅心上（图18），注意盖的同时向下轻压（图19）。
- 将馅心压至马卡龙硬壳的边缘即可（图20），使馅心填满整个马卡龙。
- 最后，将做好的罗勒柠檬马卡龙放入冰箱冷藏。

- 建议：罗勒柠檬馅心最好提前一晚制作，让罗勒柠檬馅心有足够的时间变硬。另外，也可以不加罗勒叶。

10 在罗勒柠檬馅料中加入杏仁粉，搅拌均匀。放入冰箱冷藏至少2小时。

11 当烫蛋白霜变凉后，加入食用黄色素。

12 这是搅拌均匀的马卡龙蛋白霜的颜色。

13 将黄色蛋白霜加入杏仁蛋白面糊内，直到搅拌均匀。

14 将黄色马卡龙面糊装入挤袋，在铺有油纸的烤盘上挤成略扁的小球。放入预热至170℃的烤箱，烤10～12分钟，中间调转一次烤盘方向。

15 当马卡龙硬壳烤好并放凉后，将一半的马卡龙硬壳翻面，在中央用手指轻轻向下按压。

16 按照此方法，将一半的马卡龙硬壳正面朝上摆放成一排，将另一半背面朝上摆放成一排，交替码放在整个烤盘上。

17 将罗勒柠檬馅心装入挤袋中，挤在每个背面朝上的马卡龙硬壳中央，呈小球状。

18 再将旁边正面朝上的马卡龙硬壳盖在覆盆子馅心上。

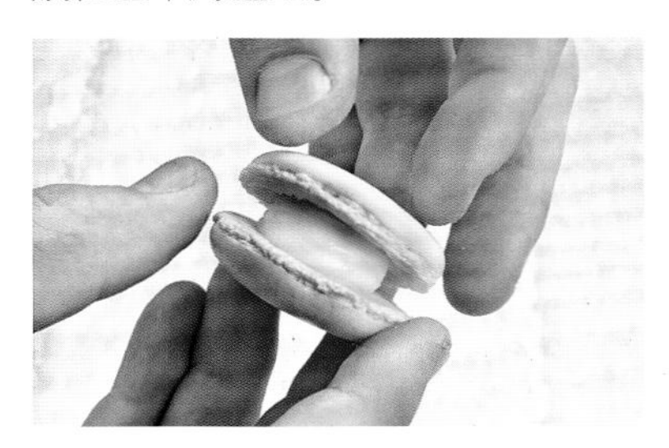

19 盖的同时向下轻压。

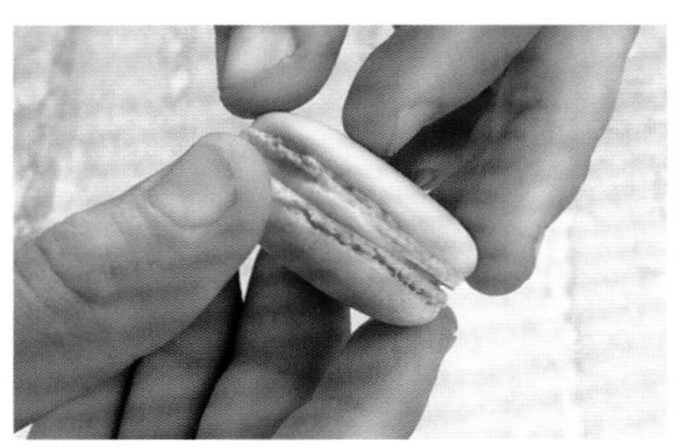

20 将馅心压至马卡龙硬壳的边缘即可。最后，将做好的罗勒柠檬马卡龙放入冰箱冷藏后再享用。

课程5 巧克力马卡龙
Macaron au chocolat

- 首先制作巧克力酱馅心。
- 将淡奶油倒入锅中，加入细砂糖（图1），小火煮开。
- 在此期间，将黑巧克力切成细碎，放在一个容器内。
- 淡奶油煮开后，将一半的热奶油倒入黑巧克力碎中（图2），静置一会儿，让黑巧克力融化。
- 用胶皮铲轻轻地向中心搅拌（图3），直到融化的黑巧克力与热奶油混合均匀（图4）。
- 再加入剩余的热奶油（图5），继续小心搅拌（图6），直到搅拌均匀，表面光滑亮泽。
- 最后，加入切成小块的黄油（图7），搅拌至均匀且表面光滑，做成巧克力酱馅心。
- 用保鲜膜密封好。制作马卡龙硬壳时，将巧克力酱馅心常温放置，直到变硬。

(…)

原料

约40个马卡龙

准备时间：50分钟
制作时间：每炉烤10~12分钟
放置时间：1小时

黑巧克力酱馅心原料
淡奶油　200克
细砂糖　1汤匙
可可脂含量至少60%的黑巧克力　250克
黄油　40克

马卡龙面糊原料
糖粉　185克
杏仁粉　185克
无糖可可粉　30克
水　50毫升
细砂糖　200克
蛋清2份　75克（约5个蛋清）
食用红色素　少许

1　将淡奶油倒入锅中，加入细砂糖，煮开。

2　淡奶油煮开后，将其中一半倒入黑巧克力碎中。

3　用胶皮铲轻轻地从边缘向中心搅拌。

4　直到融化的黑巧克力与热奶油混合均匀，表面光亮。

5　加入剩余的热奶油。

6　继续小心搅拌，直到奶油与巧克力混合均匀且表面光滑亮泽。

7　加入切成小块的黄油。

8　搅拌均匀，做成巧克力酱馅心。用保鲜膜密封好，常温放置，直到变硬。

(…)

巧克力马卡龙
Macaron au chocolat

- 将烤箱预热至170℃。
- 将糖粉、杏仁粉和可可粉放入搅碎机内搅匀（图9），成为可可杏仁糖粉。用细筛网筛入一个容器内。
- 按照第16页的第1–16步骤完成马卡龙蛋白霜的基础操作。
- 当烫蛋白霜变温后，加入少许食用红色素（图10），加入的量取决于色素的浓度。理想的马卡龙应是浅红色（图11），增加一点颜色即可。
- 将剩下的另外75克蛋清与可可杏仁糖粉混合（图12），用木铲搅拌均匀，做成巧克力杏仁蛋白面糊（图13）。
- 取一部分红色蛋白霜与巧克力杏仁蛋白面糊混合（图14），搅拌稀释后，再加入剩余的红色蛋白霜，搅拌至均匀细腻（图15），做成巧克力色马卡龙面糊。
- 将巧克力色马卡龙面糊装入挤袋的一半处，在铺有油纸的烤盘上挤出略扁的小球（图16）。
- 放入烤箱烤10～12分钟，中间调转一次烤盘方向。

- 将烤好的马卡龙硬壳放凉后再填馅。
- 当巧克力酱馅心变得浓稠后，将总量一半的马卡龙硬壳翻面，在中央用手指轻轻向下按压，这样可以多放入一些馅心（图17）。将一半的马卡龙硬壳正面朝上摆放成一排，将另一半背面朝上摆放成一排，交替摆放在整个烤盘上。
- 将巧克力酱馅心装入带有平头圆口小挤嘴（直径5～7毫米）的挤袋中，挤在每个背面朝上的马卡龙硬壳中央，呈小球状。
- 再将旁边正面朝上的马卡龙硬壳盖在巧克力酱馅心上（图18），盖时向下轻压，将馅心压至马卡龙硬壳的边缘即可，使馅心填满整个马卡龙，不会出现内部较干的情况（图19）。
- 享用或储存前，要将做好的巧克力马卡龙冷藏变硬。

原料

约40个马卡龙

准备时间：60分钟
制作时间：每炉烤10～12分钟
放置时间：1小时

咖啡馅心原料
软黄油　250克
糖粉　160克
杏仁粉　170克
雀巢速溶咖啡　20克

马卡龙面糊原料
杏仁粉　200克
糖粉　200克
水　50毫升
细砂糖　200克
蛋清2份　75克（约5个蛋清）
浓缩液体咖啡精华（用于着色）少许

1 将软黄油放入容器内，用打蛋器搅拌至均匀细腻。

2 直到黄油成为膏状。

3 将过筛的糖粉加入黄油膏中。

4 充分搅打，直到黄油发白。

5 加入杏仁粉。

6 继续搅打。

7 在雀巢速溶咖啡内加入1汤匙热水，倒入打发的甜黄油中。

8 搅拌均匀，具有较浓的咖啡口味。

9 这是做好的咖啡馅心。用保鲜膜封好，常温保存。

(…)

咖啡马卡龙

Macaron au café

- 制作咖啡马卡龙硬壳。
- 将烤箱预热至170℃。
- 按照第16页的第1－16步骤完成马卡龙蛋白霜的基础操作。
- 当烫蛋白霜变凉后，加入少许浓缩液体咖啡精华（图10和图11），着色。
- 此时蛋白霜呈棕色（图12）。
- 将一部分咖啡蛋白霜与咖啡杏仁蛋白面糊混合，搅拌稀释后，再加入剩余的咖啡蛋白霜，搅拌均匀。成为细腻的咖啡马卡龙面糊（图13）。
- 将咖啡马卡龙面糊装入带有平头圆口挤嘴（直径8毫米或10毫米）的挤袋中，在铺有油纸的烤盘上挤出略扁的小球（图14）。用手掌轻轻拍打烤盘底部，使马卡龙面糊表面平整。放入烤箱烤10～12分钟，中间调转一次烤盘方向。 
- 将烤好的马卡龙硬壳放凉后再翻面。
- 将马卡龙硬壳翻面的同时在中央用手指轻轻向下按压（图15），可以多放入一些馅心。
- 将一部分马卡龙硬壳正面朝上摆放成一排，将另一些背面朝上摆放成一排，交替摆放在整个烤盘上（图16）。
- 将咖啡馅心搅拌一下，装入带有平头圆口小挤嘴的挤袋中。
- 将咖啡馅心挤在每个背面朝上的马卡龙硬壳中央（图17）。
- 再将旁边正面朝上的马卡龙硬壳盖在咖啡馅心上（图18），注意在盖的同时向下轻压（图19），使馅心压至马卡龙硬壳的边缘即可。
- 将做好的咖啡马卡龙放入冰箱，冷藏1小时后再享用，或者放入密封盒保存。

10 当烫蛋白霜变凉后，加入少许浓缩液体咖啡精华。

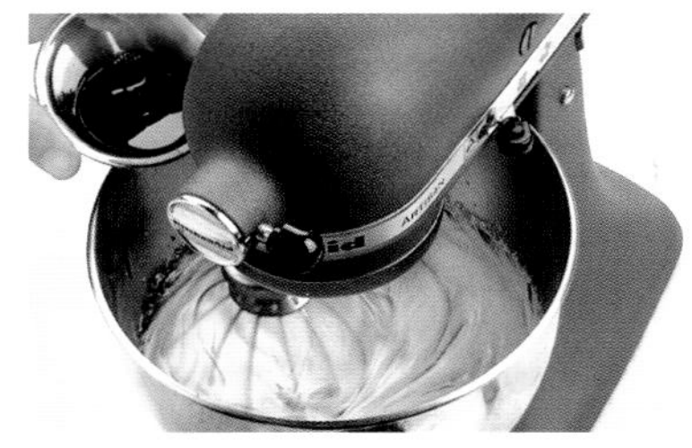

11 让搅拌机继续搅拌，直到混合均匀。

12 这是做好的马卡龙蛋白霜，呈棕咖啡色。

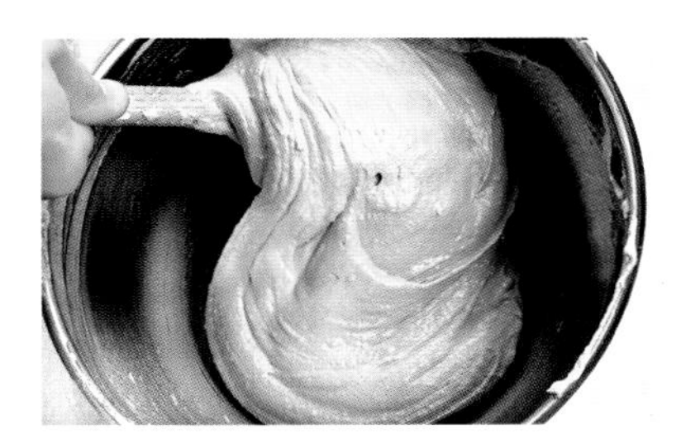

13 分几次将咖啡蛋白霜加入咖啡杏仁蛋白面糊中，搅拌至均匀细腻，做成咖啡马卡龙面糊。

14 将咖啡马卡龙面糊装入带挤嘴的挤袋中，在铺有油纸的烤盘上挤出略扁的小球。用手掌轻轻拍打烤盘底部，放入预热至170℃的烤箱，烤10 ~ 12分钟，中间调转一次烤盘方向。

15 将马卡龙硬壳放凉后翻面，在中央用手指轻轻向下按压。

16 将一半的马卡龙硬壳正面朝上摆放成一排，将另一半背面朝上摆放成一排，交替摆放在整个烤盘上。

17 将咖啡馅心装入挤袋，挤在每个背面朝上的马卡龙硬壳中央。

18 将旁边正面朝上的马卡龙硬壳盖在咖啡馅心上。

19 盖的同时向下轻压。冷藏至少1小时。

课程7 开心果马卡龙
Macaron à la pistache

- 首先制作开心果馅心。
- 将软黄油放入容器内，略微加热。用打蛋器搅拌成膏状（图1）。
- 当黄油光滑细腻时，即可加入过筛的糖粉（图2），继续搅拌（图3），直到黄油发白。
- 加入杏仁粉（图4）和开心果仁碎（图5）搅拌均匀。最后加入开心果仁酱（图6）。
- 充分搅拌均匀，使开心果馅心略微打发（图7）。
- 常温保存待用。

(…)

原料

约40个马卡龙

准备时间50分钟
制作时间：每炉烤10~12分钟
放置时间：1小时

开心果馅心原料
软黄油　200克
糖粉　130克
杏仁粉　80克
绿色开心果仁碎　50克
开心果仁酱　40克（专卖店有售或者参考食谱最后的建议）

马卡龙面糊原料
糖粉　200克
杏仁粉　135克
无盐整粒开心果仁　65克
蛋清2份　75克（准确的重量尤其重要！）
细砂糖　200克
水　50毫升
食用黄色素和绿色素少许

1 将软黄油略微加热，用打蛋器搅拌成膏状。

2 加入过筛的糖粉。

3 充分搅打。

4 加入杏仁粉，继续搅拌。

5 加入开心果仁碎。

6 最后加入开心果仁酱。

7 充分搅拌均匀，常温保存待用。

(…)

开心果马卡龙
Macaron à la pistache

- 接下来制作马卡龙硬壳。
- 将烤箱预热至170℃。
- 将糖粉、杏仁粉和无盐整粒开心果仁放入搅碎机中（图8），打30秒，直到所有原料细碎且搅拌均匀（开心果仁碎会有一些较大的颗粒）。
- 倒入一个容器内（图9）。
- 加入75克蛋清（图10），用铲子搅拌均匀，和成开心果杏仁蛋白面糊（图11）。
- 将另外75克蛋清按照第16页的第5～11步骤制作意大利烫蛋白霜。
- 当烫蛋白霜变温后，加入少许食用绿色素（图12）和黄色素（黄色素可以使绿色变得更加明亮）。最终蛋白霜呈浅绿色（图13）。
- 将一部分绿色蛋白霜与开心果杏仁蛋白面糊混合（图14），搅拌稀释后，再加入剩余的绿色蛋白霜，搅拌均匀（图15），做成浅绿色马卡龙面糊。
- 将浅绿色马卡龙面糊装入挤袋，在铺有油纸的烤盘上挤出略扁的小球（图16）。用手掌轻轻拍打烤盘底部，使马卡龙面糊表面平整。放入烤箱烤10～12分钟，中间调转一次烤盘方向。
- 将烤好的马卡龙硬壳放凉后再翻面。将一半的马卡龙硬壳翻面，同时在中央用手指轻轻向下按压（图17）。
- 将开心果馅心搅拌一下后装入带有平头圆口小挤嘴的挤袋中。挤在每个背面朝上的马卡龙硬壳中央（图18）。
- 再将旁边正面朝上的马卡龙硬壳盖在开心果馅心上，注意盖的同时向下轻压（图19）。
- 将做好的开心果马卡龙放入冰箱，冷藏1小时后再享用，或者放入密封盒保存。

- 建议：可以自制开心果仁酱：将200克无盐整粒开心果仁放入搅碎机中搅碎，加入5汤匙巴旦杏仁糖浆，继续搅拌四五分钟，做成开心果仁酱。

8 将糖粉、杏仁粉和无盐整粒开心果仁放入搅碎机中，打30秒。

9 然后倒入一个容器内。

10 加入75克蛋清。

11 搅拌均匀，和成开心果杏仁蛋白面糊。

12 当烫蛋白霜变温后，加入少许食用绿色素和黄色素。

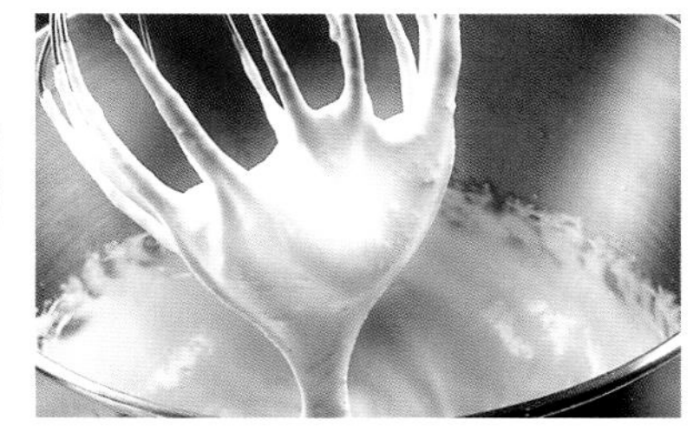

13 这是做好的马卡龙蛋白霜的颜色。

14 将一部分绿色蛋白霜与开心果杏仁蛋白面糊混合。

15 再加入剩余的绿色蛋白霜，搅拌均匀，做成浅绿色马卡龙面糊。

16 将浅绿色马卡龙面糊装入挤袋，在铺有油纸的烤盘上挤出略扁的小球。用手掌轻轻拍打烤盘底部，然后放入预热至170℃的烤箱，烤10～12分钟。

17 当马卡龙变凉后，将其中一半翻面并同时在中央用手指轻轻向下按压。

18 将开心果馅心挤在每个背面朝上的马卡龙硬壳中央。

19 再将旁边正面朝上的马卡龙硬壳盖在开心果馅心上，注意盖的同时向下轻压。冷藏1小时后即可享用。

课程8 椰子马卡龙
Macaron à la noix de coco

- 首先制作椰蓉巧克力酱馅心。
- 将牛奶巧克力切成细碎，放入容器内。
- 将淡奶油与刮出籽的香草豆荚放入锅中，中火加热至煮开。
- 香草奶油煮开后，将一半倒入切碎的牛奶巧克力中（图1），放置30秒待牛奶巧克力融化（图2），然后用铲子轻轻搅拌（图3），直到均匀。
- 再加入一部分热香草奶油（图4），继续轻轻地搅拌（图5）。最后，加入剩余的热香草奶油（图6），搅拌至均匀、细腻。
- 当做好的巧克力酱质地光滑、明亮时，即可倒入椰蓉（图7），搅拌均匀（图8）。
- 将做好的椰蓉巧克力酱馅心用保鲜膜封好，常温保存待用。

（…）

原料

约40个马卡龙

准备时间：50分钟
制作时间：每炉烤10~12分钟
放置时间：1小时

椰蓉巧克力酱馅心原料
牛奶巧克力　180克
淡奶油　310克
香草豆荚　1/2根
椰蓉　130克

马卡龙面糊原料
细砂糖　200克
水　50毫升
蛋清　3个
杏仁粉　160克
糖粉　160克
椰蓉　80克
葵花子油（或花生油）　40克

1 香草奶油煮开后，将一半倒入切碎的牛奶巧克力中。

2 放置30秒待牛奶巧克力融化。

3 用铲子由外向内轻轻搅拌。

4 再加入一部分热香草奶油。

5 继续轻轻地搅拌。

6 最后，加入剩余的热香草奶油，搅拌均匀。

7 向做好的巧克力酱里倒入椰蓉。

8 轻轻搅拌均匀。

(…)

椰子马卡龙
Macaron à la noix de coco

- 制作马卡龙硬壳。
- 将烤箱预热至170℃。
- 用200克细砂糖、50毫升水和2个蛋清，按照第16页的第1～16步骤完成意式马卡龙蛋白霜的基础操作。
- 将杏仁粉、糖粉和椰蓉放入一个容器内（图9）。
- 加入1个蛋清和葵花子油（图10），用铲子搅

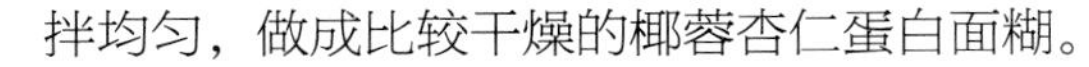

拌均匀，做成比较干燥的椰蓉杏仁蛋白面糊。
- 要习惯这种更加轻薄的打发的蛋白霜（图11）。
- 将少量的意式蛋白霜与椰蓉杏仁蛋白面糊混合（图12），搅拌稀释。
- 再加入剩余的蛋白霜，搅拌至均匀细腻（图13）。
- 将椰蓉马卡龙面糊装入挤袋的一半处，在铺有油纸的烤盘上挤出略扁的小球（图14）。用手掌轻轻拍打烤盘底部，使马卡龙面糊表面平整。
- 放入烤箱烤10～12分钟，中间调转一次烤盘方向。
- 将烤好的马卡龙硬壳放凉后再填馅。将一半的马卡龙硬壳翻面，同时在中央用手指轻轻向下按压（图15）。
- 将椰蓉巧克力酱馅心装入带有平头圆口小挤嘴的挤袋中。挤在每个背面朝上的马卡龙硬壳中央，呈小球状（图16）。
- 再将旁边正面朝上的马卡龙硬壳盖在椰蓉巧克力酱馅心上（图17），注意盖的同时向下轻压，将馅心压至马卡龙硬壳的边缘即可（图18）。
- 享用或储存前，将做好的椰子马卡龙冷藏30分钟。

9 做好意式马卡龙蛋白霜后，将杏仁粉、糖粉和椰蓉放入容器内。

10 然后加入1个蛋清和葵花子油，搅拌均匀。

11 这是搅拌好的意式蛋白霜，用于椰蓉杏仁蛋白面糊。

12 将少量的意式蛋白霜与椰蓉杏仁蛋白面糊混合，搅拌稀释。

13 再加入剩余的蛋白霜，搅拌均匀。

14 将椰蓉马卡龙面糊装入挤袋，在铺有油纸的烤盘上挤出略扁的小球。放入预热至170℃的烤箱，烤10～12分钟。

15 将烤好的马卡龙硬壳放凉后翻面，同时在中央用手指轻轻向下按压。

16 将椰蓉巧克力酱馅心挤在每个背面朝上的马卡龙硬壳中央。

17 再将旁边正面朝上的马卡龙硬壳盖在椰蓉巧克力酱馅心上。

18 注意盖的同时向下轻压，将馅心压至马卡龙硬壳的边缘即可。将做好的椰子马卡龙冷藏30分钟后再享用。

课程9 咸黄油焦糖马卡龙
Macaron au caramel beurre salé

- 首先制作咸黄油焦糖馅心。
- 将三分之一的细砂糖（约95克）倒入厚底锅中（图1），中火加热。
- 细砂糖溶化且变成淡黄色后，加入剩余三分之二的细砂糖（图2）。继续加热，并轻轻搅拌，直到锅中所有的细砂糖完全溶化（图3）。
- 小火加热，直到溶化的细砂糖变成焦糖（图4）。
- 分几次加入淡奶油，用铲子不停搅拌（图5），改中火加热。
- 注意：锅中混合的原料会产生泡沫，要防止烫伤！
- 淡奶油全部加入到锅中后，插入温度计测温（图6），直到温度达到108℃。
- 达到温度，离火，加入切成小块的咸黄油（图7），靠锅中的余温将黄油融化，中止加热（图8）。

(…)

原料

约40个马卡龙

准备时间：约50分钟
制作时间：每炉烤10～12分钟
放置时间：1小时

咸黄油焦糖馅心原料

细砂糖　280克
淡奶油　130克
优质咸黄油　200克

马卡龙面糊原料

杏仁粉　200克
糖粉　200克
水　50毫升
细砂糖　200克
蛋清2份　75克（约5个蛋清）
浓缩液体咖啡精华和食用黄色素　少许

1　将少量的细砂糖倒入厚底锅中，中火加热至溶化。

2　细砂糖溶化后，再加入少量细砂糖，加热至溶化。

3　再加入剩余的细砂糖，直到完全溶化。

4　加热直到变成焦糖色。

5　小火加热，将淡奶油分几次加入焦糖内。

6　插入温度计测温，直到温度达到108℃。

7　关火，加入切成小块的咸黄油。

8　靠锅中的余温将黄油融化。

（…）

咸黄油焦糖马卡龙
Macaron au caramel beurre salé

- 用手持搅拌机搅拌锅中的原料（图9），直到咸黄油焦糖馅心均匀光亮（图10）。此步骤也可以用铲子搅拌，但是需要更长时间。
- 最后，将做好的咸黄油焦糖馅心倒入一个干净的容器内，放入冰箱冷藏，直到咸黄油焦糖馅心黏稠。

- 在此期间，制作马卡龙硬壳。
- 将烤箱预热至170℃。
- 按照第16页的第1～16步骤完成马卡龙蛋白霜的基础操作。

- 烫蛋白霜做好后，加入浓缩液体咖啡精华（图11）和黄色素（图12）。加入黄色素能使蛋白霜的颜色成为焦糖色而不是咖啡色，使颜色变淡。
- 最终是浅棕色，颜色很淡（图13）。
- 将焦糖蛋白霜与基础杏仁蛋白面糊混合，搅拌稀释后，再加入剩余的焦糖蛋白霜，搅拌至均匀细腻，做成焦糖马卡龙面糊（图14）。
- 将焦糖马卡龙面糊装入挤袋的一半处，在铺有油纸的烤盘上挤出略扁的小球（图15）。用手掌轻轻拍打烤盘底部，使马卡龙面糊表面平整。
- 放入烤箱烤10～12分钟，中间调转一次烤盘方向。
- 将烤好的马卡龙硬壳放凉后再填馅。
- 将一半的马卡龙硬壳翻面，同时在中央用手指轻轻向下按压（图16）。
- 整齐地摆放在烤盘上，将咸黄油焦糖馅心装入带有平头圆口小挤嘴的挤袋中。挤在每个背面朝上的马卡龙硬壳中央，呈小球状（图17）。
- 再将旁边正面朝上的马卡龙硬壳盖在咸黄油焦糖馅心上（图18）。
- 注意盖的同时向下轻压，将咸黄油焦糖馅心压至马卡龙硬壳的边缘即可（图19）。
- 摆放在一个大盘子内，放入冰箱冷藏1小时，直到变硬，即可享用。或者放入密封盒保存。

9　用手持搅拌机（或铲子）将锅中的原料搅拌均匀。

10　这是搅拌好的黄油焦糖馅心。倒入一个干净的容器内，放入冰箱冷藏。

11　烫蛋白霜做好后，加入浓缩液体咖啡精华。

12　加入几滴食用黄色素。

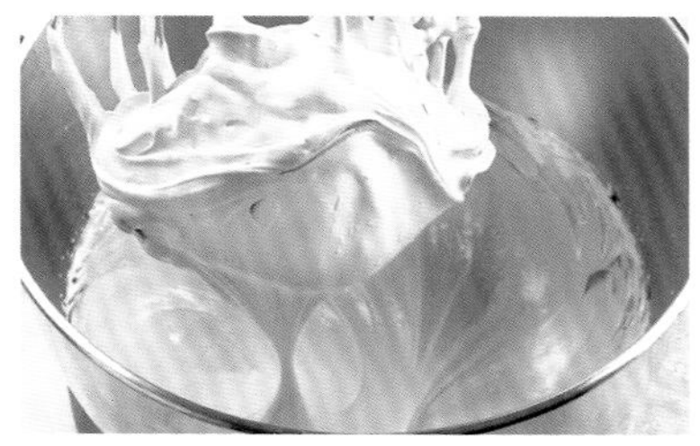

13　这是做好的马卡龙蛋白霜的颜色。

14　将焦糖蛋白霜与基础杏仁蛋白面糊混合，搅拌均匀，做成马卡龙面糊。

15　将焦糖马卡龙面糊装入挤袋，在铺有油纸的烤盘上挤出略扁的小球。放入预热至170℃的烤箱，烤10～12分钟，中间调转一次烤盘方向。

16　将烤好的马卡龙硬壳放凉，然后翻面，同时在中央用手指轻轻向下按压。

17　将咸黄油焦糖馅心挤在每个背面朝上的马卡龙硬壳中央。

18　再将旁边正面朝上的马卡龙硬壳盖在咸黄油焦糖馅心上。

19　注意盖的同时向下轻压，将咸黄油焦糖馅心压至马卡龙硬壳的边缘即可。冷藏至少1小时。

课程10 草莓马卡龙
Macaron à la fraise

- 首先制作草莓馅心。
- 将白巧克力切成细碎，放入一个容器内。

- 去掉草莓蒂，放入锅中，加入细砂糖，用铲子将草莓压碎（图1）。
- 用手持搅拌机将草莓打成酱汁（图2），小火慢慢加热后，用细筛网过滤到白巧克力容器内（图3和图4），待白巧克力逐渐融化（图5），再用铲子轻轻地搅拌（图6）。如果白巧克力没有完全融化，可略微加热，再搅拌均匀。
- 将做好的草莓巧克力酱馅心放入冰箱，至少冷藏3小时。草莓巧克力酱馅心会逐渐变硬，品质也会非常完美。

(…)

原料

约40个马卡龙

准备时间：50分钟
制作时间：每炉烤10～12分钟
馅心放置时间：至少3小时
放置时间：1小时

草莓巧克力酱馅心原料
白巧克力　300克
草莓　300克
细砂糖　30克

马卡龙面糊原料
杏仁粉　200克
糖粉　200克
水　50毫升
细砂糖　200克
蛋清2份　75克（约5个蛋清）
食用红色素　少许

1　将草莓对半切开后与细砂糖一起放入锅中加热，用铲子将草莓压碎。

2　用手持搅拌机将锅中的草莓打成酱汁。

3　将草莓酱汁用细筛网过滤到白巧克力容器内。

4　保留过滤出的草莓果肉。

5　让热草莓酱汁融化白巧克力。

6　用铲子轻轻搅拌，直到草莓巧克力馅心均匀细腻且润滑。之后放入冰箱至少冷藏3小时。

(…)

草莓马卡龙
Macaron à la fraise

- 在此期间，制作马卡龙硬壳。
- 将烤箱预热至170℃。
- 按照第16页的第1～16步骤完成马卡龙蛋白霜的基础操作。
- 当烫蛋白霜变温后，加入少量食用红色素（图7），加入的量取决于色素的浓度。草莓马卡龙应该是比较浅的红色（图8）。
- 将一部分红色蛋白霜加入糖粉、杏仁粉和蛋清混合的面糊中（图9），搅拌稀释。
- 再加入剩余的红色蛋白霜，搅拌至均匀细腻，做成红色马卡龙面糊（图10）。
- 将红色马卡龙面糊装入挤袋，在铺有油纸的烤盘上挤出略扁的小球。
- 放入烤箱烤10～12分钟，中间调转一次烤盘方向。
- 将烤好的马卡龙硬壳放凉后再填馅。

- 草莓馅心变浓稠后，将一半的马卡龙硬壳翻面，同时在中央用手指轻轻向下按压（图11）。
- 将一半的马卡龙硬壳正面朝上摆放成一排，将另一半背面朝上摆放成一排，交替摆放在整个烤盘上（图12）。
- 将草莓巧克力酱馅心装入带有平头圆口小挤嘴（直径5～7毫米）的挤袋中，挤在每个背面朝上的马卡龙硬壳中央，呈小球状。再将旁边正面朝上的马卡龙硬壳盖在草莓巧克力酱馅心上（图13）。
- 注意盖的同时向下轻压，将馅心压至马卡龙硬壳的边缘即可，使馅心可以填满整个马卡龙，不会出现内部较干的情况（图14和图15）。
- 放入冰箱冷藏30分钟，变硬后享用。
- 如果想保存，可放入密封盒中。

7　接下来制作马卡龙硬壳。当烫蛋白霜变温后，加入少量食用红色素。

8　逐渐加入红色素，直到蛋白霜变为草莓红色。

9　将红色蛋白霜加入糖粉、杏仁粉和蛋清混合的面糊中。

10　搅拌成均匀细腻的红色马卡龙面糊。在铺有油纸的烤盘上挤出略扁的小球。放入预热至170℃的烤箱，烤10～12分钟。

11　将马卡龙硬壳翻面的同时在中央用手指轻轻向下按压。

12　将一半的马卡龙硬壳正面朝上摆放成一排，将另一半背面朝上摆放成一排，交替摆放在整个烤盘上。

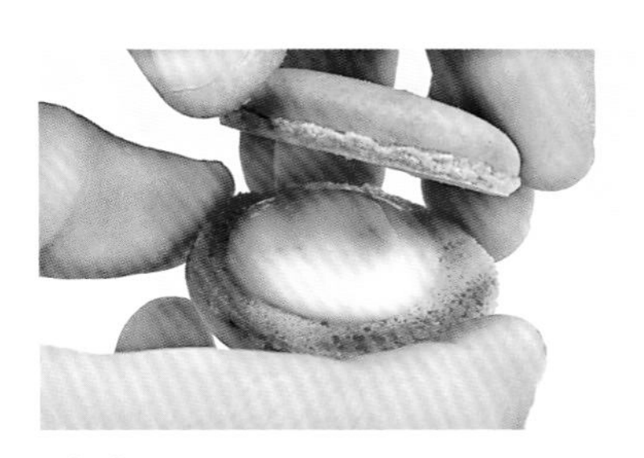

13　将草莓巧克力酱馅心挤在每个背面朝上的马卡龙硬壳中央。再将旁边正面朝上的马卡龙硬壳盖在草莓巧克力酱馅心上。

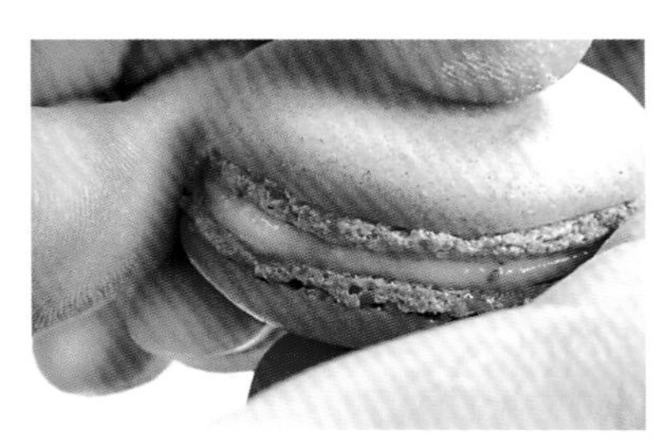

14　注意盖的同时向下轻压，将馅心压至马卡龙硬壳的边缘即可。

15　这是做好带馅的草莓马卡龙与未装馅心的马卡龙硬壳的区别。

课程 11 焦糖香蕉马卡龙
Macaron au caramel à la banane

- 制作焦糖香蕉馅心。
- 将香蕉、柠檬汁和棕色朗姆酒放入搅碎机中打成汁。
- 将白巧克力切成细碎，放入容器内。
- 将细砂糖放入厚底锅中，中火加热（图1）。
- 细砂糖溶化后，继续加热至焦糖（图2）。
- 关火，一点一点地倒入淡奶油稀释焦糖（图3）。
- 然后加入柠檬朗姆酒香蕉汁（图4），用铲子搅拌（图5）。
- 再放入黄油小块，搅拌至黄油溶化（图6）。
- 将锅中的所有原料倒入切碎的白巧克力容器内（图7）。
- 轻轻搅拌（图8），最后用手持搅拌机将焦糖香蕉馅心搅拌至均匀润滑（图9）。
- 用保鲜膜密封好，放入冰箱冷藏直到浓稠。

(…)

原料

约40个马卡龙

准备时间：约50分钟
制作时间：每炉烤10～12分钟
放置时间：1小时

焦糖香蕉馅心原料
去皮香蕉　200克
柠檬汁　2汤匙
棕色朗姆酒　1汤匙
白巧克力　280克
细砂糖　80克
淡奶油　50克
黄油小块　40克

马卡龙面糊原料
杏仁粉　200克
糖粉　200克
水　50毫升
细砂糖　200克
蛋清2份　75克（约5个蛋清）
食用黄色素和食用红色素　各少许
无糖可可粉　40克

1 将香蕉、柠檬汁和棕色朗姆酒放入搅碎机中打成汁后。将细砂糖放入厚底锅中，中火加热。

2 细砂糖溶化后，继续加热直到成为焦糖。

3 将淡奶油一点一点地倒入焦糖中。

4 搅拌均匀后，加入柠檬朗姆酒香蕉汁。

5 用铲子搅拌均匀。

6 再加入黄油小块，搅拌。

7 搅拌均匀后倒入切碎的白巧克力容器内。

8 轻轻搅拌。

9 最后用手持搅拌机将焦糖香蕉馅心搅拌至均匀润滑。放入冰箱冷藏。接着制作马卡龙硬壳。

（…）

焦糖香蕉马卡龙
Macaron au caramel à la banane

- 制作马卡龙硬壳。
- 将烤箱预热至170℃。
- 按照第16页的第1～16步骤完成马卡龙蛋白霜的基础操作。当烫蛋白霜变温后，加入几滴食用黄色素（图10）和一滴红色素，让颜色略微改变。
- 蛋白霜呈黄色（图11）并带有略微的橙色（不是柠檬黄而是香蕉黄）。
- 将一部分香蕉黄色蛋白霜与杏仁蛋白面糊混合（图12），搅拌稀释后，再加入剩余的香蕉黄色蛋白霜，搅拌至均匀细腻，做成浅香蕉黄色马卡龙面糊（图13）。
- 将浅香蕉黄色马卡龙面糊装入挤袋，在铺有油纸的烤盘上挤出略扁的小球（图14）。用手掌轻轻拍打烤盘底部，使马卡龙面糊表面平整。
- 然后用手指捏些可可粉，撒一点在表面，像香蕉表皮的样子（图15）。
- 放入烤箱烤10～12分钟，中间调转一次烤盘方向。
- 将一半的马卡龙硬壳翻面，同时在中央用手指轻轻向下按压（图16）。将一半的马卡龙硬壳正面朝上摆放成一排，将另一半背面朝上摆放成一排，交替摆放在整个烤盘上。
- 将焦糖香蕉馅心装入带有平头圆口小挤嘴的挤袋中。挤在每个背面朝上的马卡龙硬壳中央（图17）。
- 在所有背面朝上的马卡龙硬壳挤上馅心后（图18），再将旁边正面朝上的马卡龙硬壳盖在焦糖香蕉馅心上（图19）。
- 盖的同时向下轻压，将馅心压至马卡龙硬壳的边缘即可（图20）。
- 将做好的焦糖香蕉马卡龙放入冰箱冷藏1小时后再享用，或者放入密封盒保存。

10 烫蛋白霜变温后，加入几滴食用黄色素及一滴红色素。

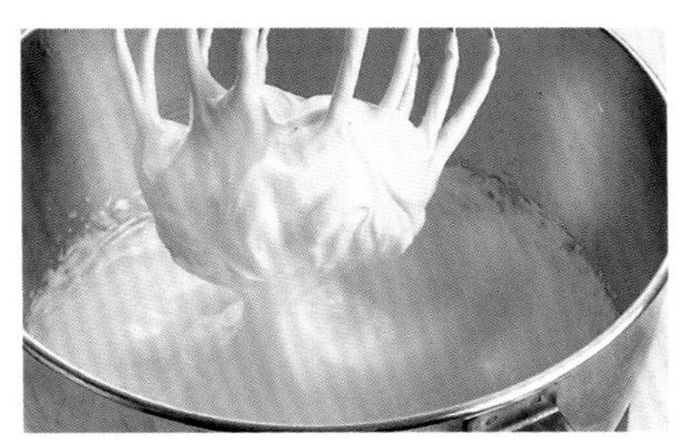

11 这是做好的马卡龙蛋白霜的颜色。

12 将香蕉黄色蛋白霜与杏仁蛋白面糊混合。

13 搅拌至均匀细腻，做成浅香蕉黄色马卡龙面糊。

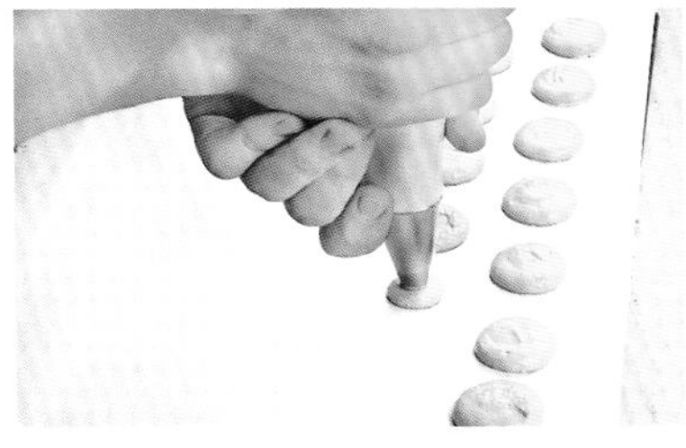

14 将香蕉黄色马卡龙面糊装入挤袋，在铺有油纸的烤盘上挤出略扁的小球。

15 用手指捏些可可粉，撒一点在表面作为装饰。放入预热至170℃的烤箱，烤10～12分钟。

16 待马卡龙硬壳变凉后，将其中的一半翻面，同时在中央用手指轻轻向下按压。

17 将焦糖香蕉馅心挤在每个背面朝上的马卡龙硬壳中央。

18 将所有背面朝上的马卡龙硬壳挤上馅心后，再盖上另外一块。

19 将旁边正面朝上的马卡龙硬壳盖在焦糖香蕉馅心上。

20 盖的同时向下轻压，将馅心压至马卡龙硬壳的边缘即可。将做好的焦糖香蕉马卡龙放入冰箱冷藏1小时后再享用。

课程12 玫瑰马卡龙
Macaron à la rose

- 首先制作玫瑰黄油酱馅心。
- 锅内倒入水，加热，当作暖汤池使用。
- 将鸡蛋、蛋黄和细砂糖倒入一个容器内（图1），放在热水锅上，用电动打蛋器搅拌（图2）。
- 直到蛋液充满小气泡，颜色发白（图3）。
- 当蛋液越来越热，超过身体的温度时（图4），从热水锅上取下，继续搅打至变温。
- 分几次加入软黄油（图5），搅拌至均匀润滑（图6）。
- 加入玫瑰水和玫瑰糖浆来增强馅心的香味。
- 尝一下味道，确定玫瑰黄油酱馅心是否有较浓的玫瑰味道。

(…)

原料

约40个马卡龙

准备时间：约50分钟
制作时间：每炉烤10～12分钟
放置时间：1小时

玫瑰黄油酱馅心原料

鸡蛋　2个
蛋黄　1个
细砂糖　80克
软黄油　230克
玫瑰水　10毫升
玫瑰糖浆（调节并增香）　10克

马卡龙面糊原料

杏仁粉　200克
糖粉　200克
水　50毫升
细砂糖　200克
蛋清2份　75克（约5个蛋清）
食用红色素　少许

1　将鸡蛋、蛋黄和细砂糖倒入容器内。

2　将容器放在热水锅上，用手持电动打蛋器搅打。

3　直到蛋液充满小气泡，颜色发白。

4　当蛋液越来越热，从热水锅上取下，继续搅打至变温。可以用手指感觉温度。

5　加入软黄油。

6　搅拌至均匀润滑，再加入玫瑰水和玫瑰糖浆来增强馅心的香味。

(…)

玫瑰马卡龙
Macaron à la rose

- 接下来制作马卡龙硬壳。
- 将烤箱预热至170℃。
- 按照第16页的第1～16步骤完成马卡龙蛋白霜的基础操作。
- 烫蛋白霜变温后，加入几滴食用红色素（图7），这款马卡龙的理想颜色是浅粉色（图8）。
- 将一部分浅粉色蛋白霜与杏仁蛋白面糊（糖粉、杏仁粉、蛋清）混合（图9），搅拌稀释（图10）。

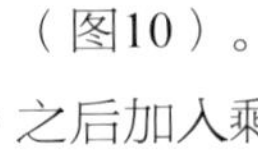

- 之后加入剩余的浅粉色蛋白霜，搅拌至均匀细腻，成为粉色马卡龙面糊（图11）。
- 将浅粉色马卡龙面糊装入挤袋的一半处，在铺有油纸的烤盘上挤出桃心形。可以先挤成水滴形，在旁边再挤一个水滴形，将两个水滴粘在一起，形成桃心（图12）。
- 用手掌轻轻拍打烤盘底部。
- 放入烤箱烤10～12分钟，中间调转一次烤盘方向。

- 将烤好的马卡龙硬壳放凉后再填馅。
- 将一半的马卡龙硬壳翻面，同时在中央用手指轻轻向下按压（图13）。
- 将玫瑰黄油酱馅心轻轻搅拌一下，装入带有平头圆口小挤嘴的挤袋中。
- 挤在每个背面朝上的马卡龙硬壳中央，呈桃心状（图14）。
- 再将旁边正面朝上的马卡龙硬壳盖在玫瑰黄油酱馅心上（图15）。
- 注意盖的同时向下轻压，将馅心压至马卡龙硬壳的边缘即可，使馅心可以填满整个马卡龙，不会出现内部较干的情况（图16）。
- 放入冰箱，冷藏30分钟，变硬后享用。
- 如果要保存，可参考本书开始的建议。

- 窍门：可以在每个马卡龙中间放半颗覆盆子来增添马卡龙的新鲜度。

7 烫蛋白霜变温后，加入几滴食用红色素。

8 这是做好的马卡龙蛋白霜，呈淡粉色。

9 将一部分浅粉色蛋白霜与杏仁蛋白面糊（糖粉、杏仁粉、蛋清）混合。

10 搅拌均匀，稀释杏仁蛋白面糊。

11 再加入剩余的浅粉色蛋白霜，搅拌均匀。

12 将浅粉色马卡龙面糊在铺有油纸的烤盘上挤出桃心形。放入预热至170℃的烤箱，烤10～12分钟。

13 将烤好的马卡龙硬壳放凉后翻面，同时在中央用手指轻轻向下按压。

14 将玫瑰黄油酱馅心轻轻搅拌一下，装入挤袋并挤在每个背面朝上的马卡龙硬壳中央，呈桃心状。

15 再将旁边正面朝上的马卡龙硬壳盖在玫瑰黄油酱馅心上。

16 这是做好的玫瑰马卡龙。

课程13 柚子草莓马卡龙

Macaron pamplemousse fraise vanille

- 制作牛奶蛋黄酱。
- 将全脂牛奶倒入锅中，中火加热。
- 用小刀将香草豆荚剖成两半，刮下里面的籽，一起放入牛奶锅中（图1）。
- 将蛋黄和细砂糖倒入容器内（图2），搅拌均匀，再加入玉米淀粉和面粉（图3），继续搅拌。
- 将煮开的全脂牛奶逐渐倒入蛋液面糊中，不停地搅打（图4），然后再倒回锅中。
- 中火加热，同时不停搅拌，煮开后保持30秒直到变浓稠（图5）。
- 离火，加入黄油小块（图6），搅拌均匀。
- 将做好的牛奶蛋黄酱倒入一个容器内，封上保鲜膜，在阴凉处保存待用。
- 制作马卡龙硬壳。

- 将烤箱预热至170℃。
- 按照第16页的第1～16步骤完成马卡龙蛋白霜的基础操作。
- 烫蛋白霜变温后，加入少许食用红色素（图7）
- 理想的马卡龙蛋白霜应该是鲜亮的粉色（图8）。
- 将一部分粉色蛋白霜与杏仁蛋白面糊（糖粉、杏仁粉、蛋清）混合（图9），搅拌稀释。

（…）

原料

约20个马卡龙

准备时间：50分钟
制作时间：每炉烤12～15分钟
放置时间：1小时

牛奶蛋黄酱原料
新鲜全脂牛奶　250毫升
香草豆荚　1根
蛋黄　6个
细砂糖　125克
玉米淀粉　50克
面粉　10克
黄油小块　50克

马卡龙面糊原料
杏仁粉　200克
糖粉　200克
水　50毫升
细砂糖　200克
蛋清2份　75克（约5个蛋清）
食用红色素　少许
馅心原料
粉色（或红色）瓤柚子　2个
鲜草莓　500克
橙花水　15克
糖粉（用于装饰）　少许

1　将香草豆荚及里面刮下的籽放入牛奶锅中，中火加热。

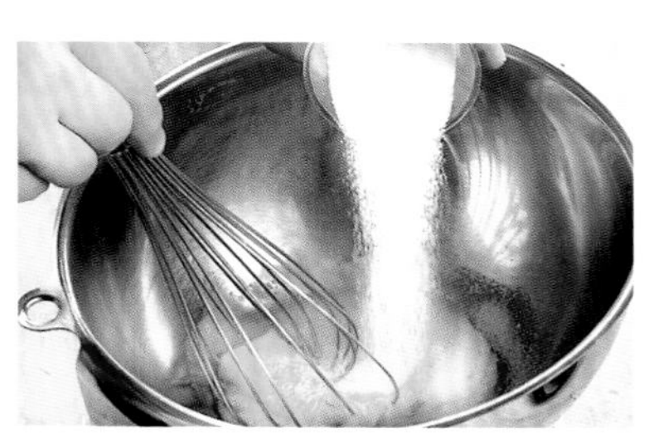

2　将蛋黄和细砂糖倒入一个容器内，搅拌均匀。

3　然后加入玉米淀粉和面粉，继续搅拌。

4　将煮开的牛奶逐渐倒入蛋液面糊中，同时不停搅拌。

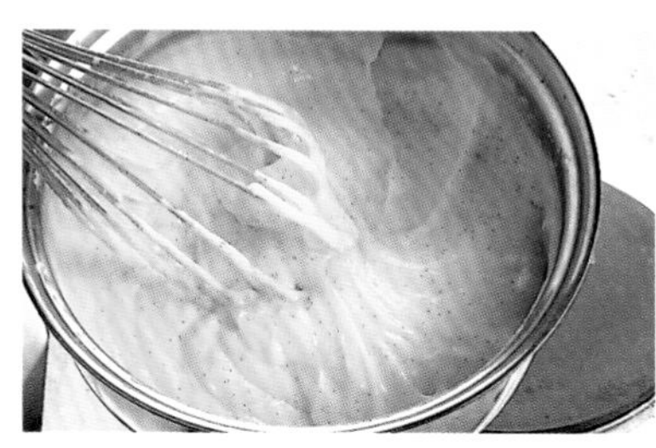

5　之后倒回锅内，中火加热，同时不停搅拌，煮开后保持30秒直到浓稠。

6　离火，加入黄油小块，搅拌均匀。将做好的牛奶蛋黄酱倒入一个容器内，封上保鲜膜，冷藏保存待用。

7　接下来制作马卡龙硬壳。烫蛋白霜变温后，加入少许食用红色素。

8　这是做好的马卡龙蛋白霜的颜色。

9　将一部分粉色蛋白霜与杏仁蛋白面糊混合，搅拌稀释。

（…）

柚子草莓马卡龙
Macaron pamplemousse fraise vanille

- 加入剩余的粉色蛋白霜，搅拌至均匀细腻。
- 做成粉色马卡龙面糊（图10）。
- 将粉色马卡龙面糊装入挤袋，在铺有油纸的烤盘上挤出20个直径6厘米的扁球（图11）。用手掌轻轻拍打烤盘底部（图12）。
- 再挤20个直径6厘米的圆圈，作为马卡龙的顶盖（图13）。放入烤箱烤12～15分钟，中间调转一次烤盘方向。
- 将烤好的马卡龙硬壳放凉后再填馅。
- 将马卡龙硬壳翻面，放在干净的盘子上。
- 用锋利的刀取出柚子瓤，放在吸水纸上，吸干表面水分。
- 将草莓根部去掉，纵向切成两半。
- 将牛奶蛋黄酱搅拌一下，使其均匀柔软。
- 再装入挤袋中，在背面朝上的马卡龙硬壳中央挤上小球（图14）。
- 在牛奶蛋黄酱的周围交替摆上半瓣柚子和半颗草莓，围成一圈（图15）
- 用刷子蘸橙花水，刷在水果表面（图16）。
- 上面覆盖牛奶蛋黄酱（图17）。
- 撒上糖粉（图18），盖上马卡龙硬壳圆圈，顶部放一整颗草莓（图19）。
- 放入冰箱冷藏20分钟后即可享用。

10 加入剩余的粉色蛋白霜，搅拌至均匀细腻，做成粉色马卡龙面糊。

11 将粉色马卡龙面糊装入挤袋，在铺有油纸的烤盘上挤出20个直径6厘米的扁球。

12 用手掌轻轻拍打烤盘底部，使马卡龙面糊表面平整光滑。

13 再将粉色马卡龙面糊挤成20个直径6厘米的圆圈。放入预热至160℃的烤箱，烤12～15分钟。

14 加工完水果后，将牛奶蛋黄酱装入挤袋，在背面朝上的马卡龙硬壳中央挤上小球。

15 在牛奶蛋黄酱周围摆上水果。

16 在水果表面刷一层橙花水。

17 将牛奶蛋黄酱挤在水果上。

18 表面撒薄薄一层糖粉。

19 盖上马卡龙硬壳圆圈，顶部放上整颗草莓。在冰箱冷藏20分钟后即可享用。

课程14

西番莲巧克力马卡龙
Macaron Passion chocolat

● 将烤箱预热至170℃。

● 将脆皮卷（图1）用手指捏碎（图2）。

● 将蛋清倒入搅拌机钢桶内，快速搅拌。

● 当蛋清打出泡沫时，撒入细砂糖（图3），继续搅拌约10分钟。

● 在此期间，将糖粉过筛到容器内（图4），加入杏仁粉（图5），用打蛋器搅拌均匀（图6）。

● 蛋白霜打好后，加入浓缩液体咖啡精华着色（图7），直到蛋白霜成为浅棕色（图8）。

(…)

原料

20个大马卡龙

准备时间：40分钟
制作时间：每炉烤12～15分钟
放置时间：1小时

马卡龙面糊原料
蛋清　105克　（约3.5个蛋清）
细砂糖　25克
糖粉　225克
杏仁粉　125克
浓缩液体咖啡精华（用于着色）少许

脆皮卷（用于装饰）　6根
无糖可可粉　50克

西番莲巧克力馅心原料
西番莲果汁　150克
细砂糖　25克
牛奶巧克力　340克
黄油　60克
西番莲果汁（用于组装）50克

1 这是所需的脆皮卷。

2 用手指将脆皮卷捏成碎片，保留待用。

3 将蛋清倒入搅拌机钢桶内，快速搅拌。当蛋清打出泡沫时，一点一点地撒入25克细砂糖，继续搅拌10分钟。

4 将糖粉过筛到容器内。

5 再加入杏仁粉。

6 用打蛋器将两种原料搅拌均匀。

7 蛋白霜打好后，加入浓缩液体咖啡精华着色。

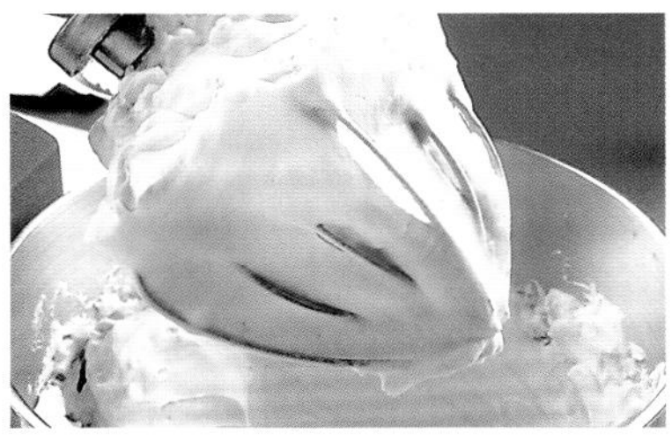

8 这是做好的马卡龙蛋白霜，呈浅棕色。

（…）

西番莲巧克力马卡龙
Macaron Passion chocolat

- 将杏仁糖粉倒入棕色蛋白霜内（图9），用胶皮铲轻轻搅拌（图10），直到马卡龙面糊成为半流体（参考第16页的基础操作步骤）。
- 将马卡龙面糊装入挤袋，在铺有油纸的烤盘上挤出直径约6厘米的扁球。用手掌轻轻拍打烤盘底部。最后，在表面撒上脆皮卷碎（图11），并用细筛网撒上无糖可可粉（图12）。
- 放入烤箱烤12～15分钟，中间调转一次烤盘方向。

- 烘烤期间，制作西番莲巧克力馅心：将西番莲果汁（150克）和细砂糖放入锅中（图13），小火加热至煮开。
- 将牛奶巧克力切碎，放入微波炉（或暖汤池）内加热至融化。
- 西番莲糖浆煮开后，倒入融化的牛奶巧克力中，用铲子搅拌（图14），直到混合均匀且光滑明亮。
- 加入切成小块的黄油（图15），搅拌，直到黄油完全与西番莲巧克力酱混合均匀（图16）。
- 将做好的西番莲巧克力馅心放置30分钟至凉。

- 马卡龙硬壳烤好并放凉后，全部翻面放在烤盘上。然后，用刷子蘸上西番莲果汁，刷在马卡龙硬壳的背面（图17）。只刷薄薄的一层即可，否则会损坏马卡龙的硬壳。
- 西番莲巧克力馅心变得浓稠后，装入带有平头圆口的挤袋中，在一半的马卡龙硬壳背面挤出螺旋形（图18）。
- 再将剩下一半的马卡龙硬壳分别盖在西番莲巧克力馅心上（图19）。
- 将做好的西番莲巧克力马卡龙冷藏30分钟后即可享用。

9 将杏仁糖粉（糖粉、杏仁粉）倒入棕色蛋白霜内。

10 用胶皮铲轻轻搅拌，直到马卡龙面糊成为半流体。装入挤袋，在铺有油纸的烤盘上挤出直径约6厘米的扁球。

11 用手掌轻轻拍打烤盘底部，在马卡龙表面撒脆皮卷碎。

12 用细筛网撒上无糖可可粉。放入预热至170℃的烤箱，烤12～15分钟。

13 烘烤期间，制作西番莲巧克力馅心：将西番莲果汁和细砂糖放入锅中，小火加热至煮开。将牛奶巧克力放入微波炉加热至融化。

14 将煮开的西番莲糖浆慢慢倒入融化的牛奶巧克力中，搅拌均匀。

15 加入切成小块的黄油。

16 搅拌至黄油完全与西番莲巧克力酱混合均匀，且表面光亮。放入冰箱冷藏约30分钟直到变硬。

17 将烤好并放凉的马卡龙硬壳翻面。然后，在表面刷上西番莲果汁。

18 将西番莲巧克力馅心装入挤袋中，在马卡龙硬壳背面挤出螺旋形。

19 将剩下另一半的马卡龙硬壳分别盖在西番莲巧克力馅心上。放入冰箱冷藏30分钟后即可享用。

课程15 柠檬覆盆子马卡龙

Macaron au citron et framboises

- 制作柠檬馅心，按照第28页的步骤制作，但是不要加入罗勒。
- 将做好的柠檬馅心冷凉，保存待用。

- 制作覆盆子果酱：将新鲜覆盆子、细砂糖和茴香籽放入锅中，中火加热，煮开5分钟。用铲子不停搅拌，同时压碎覆盆子。
- 覆盆子果酱煮开且汤汁浓稠时，加入茴香酒和柠檬汁。离火，放凉至凝固。

- 在此期间，制作柠檬马卡龙硬壳。

- 将烤箱预热至170℃。
- 按照第16页的第1～16步骤完成马卡龙蛋白霜的基础操作。
- 烫蛋白霜变凉后，加入少许食用黄色素（图1）。
- 搅拌均匀，直到黄色蛋白霜（图2和图3）光滑明亮。
- 将一部分黄色蛋白霜与杏仁蛋白面糊混合（图4），搅拌稀释后，再加入剩余的黄色蛋白霜，搅拌均匀，做成黄色马卡龙面糊（图5）。

（…）

原料

约20个马卡龙

准备时间：60分钟
制作时间：每炉烤12～15分钟
放置时间：至少2小时

工具
1把干净的牙刷

柠檬馅心原料
黄柠檬汁 （2.5个柠檬） 130克
细砂糖 135克
鸡蛋 （3个中等大小的鸡蛋） 140克
黄油小块 175克
结力片 1张

茴香味覆盆子果酱馅心原料
新鲜覆盆子 175克
细砂糖 100克
茴香籽 （非必需添加） 1小捏
茴香酒 2汤匙
柠檬汁 1汤匙

马卡龙面糊原料
杏仁粉 200克
糖粉 200克
水 50毫升
细砂糖 200克
蛋清2份 75克 （约5个蛋清）
食用黄色素 少许
食用红色素（用于马卡龙硬壳表面装饰） 少许
新鲜覆盆子 （用在馅心中） 250克

1 烫蛋白霜变凉后，加入少许食用黄色素。

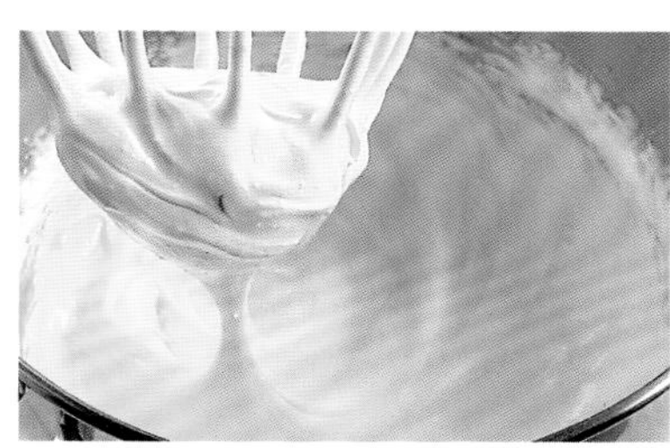

2 马卡龙蛋白霜应为深黄色。

3 这是做好的马卡龙蛋白霜的颜色。

4 将一部分黄色蛋白霜与杏仁蛋白面糊混合，搅拌稀释。

5 再加入剩余的黄色蛋白霜，搅拌均匀，做成半流体的黄色马卡龙面糊。

(…)

柠檬覆盆子马卡龙
Macaron au citron et framboises

- 将黄色马卡龙面糊装入带有平头圆口挤嘴的挤袋中，在铺有油纸的烤盘上挤出直径约6厘米略扁的小球（图6）。
- 用手掌轻轻拍打烤盘底部，使马卡龙面糊表面平整。
- 用牙刷蘸些纯红色素（图7），用手指轻刮牙刷头部，使上面的红色素喷洒在马卡龙面糊表面形成斑点（图8），作为装饰（图9）。反复用此方法，在所有的马卡龙面糊表面喷洒上红色素斑点。
- 放入烤箱烤12～15分钟，中间调转一次烤盘方向。
- 将烤好的马卡龙硬壳放凉，翻面放在一张油纸上。
- 组装：用小勺将茴香味覆盆子果酱抹在一半的马卡龙硬壳表面（图10）。
- 在果酱周边均匀地摆放5颗覆盆子（图11）。
- 将柠檬馅心装入带有平头圆口且直径为8毫米挤嘴的挤袋中。
- 挤在每颗覆盆子间隔的缝隙（图12）及顶部中央（图13）。
- 最后，将另外一半马卡龙硬壳分别盖在填好馅心的马卡龙上（图14）。
- 将做好的柠檬覆盆子马卡龙摆放在盘子内，冷藏30分钟后即可享用。

6 将黄色马卡龙面糊装入挤袋中，在铺有油纸的烤盘上挤出直径6厘米略扁的小球。用手掌轻轻拍打烤盘底部，使马卡龙面糊表面平整。

7 将牙刷蘸些红色素。

8 用手指轻刮牙刷头，使红色素喷洒在马卡龙面糊表面。

9 使表面形成红色斑点，作为装饰。放入预热至170℃的烤箱，烤12～15分钟。

10 将烤好的马卡龙硬壳翻面。用小勺将茴香味覆盆子果酱均匀地抹在一半的马卡龙硬壳表面。

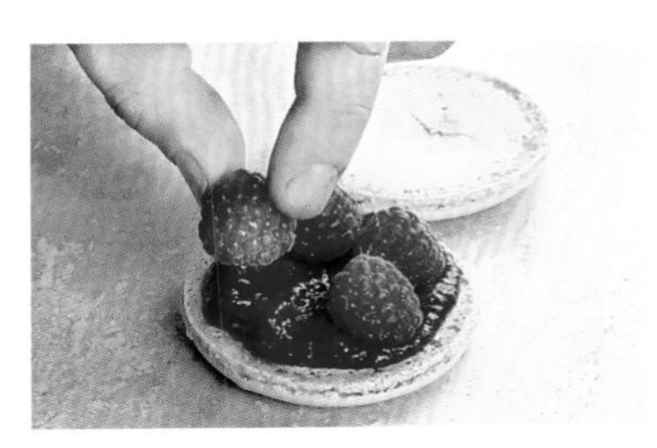

11 在果酱周边均匀地摆放5颗覆盆子。

12 将柠檬馅心装入挤袋，挤在每颗覆盆子之间的缝隙处。

13 在覆盆子顶部中央也挤上柠檬馅心。

14 最后，将另外一半马卡龙硬壳分别盖在填好馅心的马卡龙上。放入冰箱，冷藏30分钟后即可享用。

课程16 意大利橙味杏仁饼干 Amaretti à l'orange

- 制作前一晚，将细砂糖、杏仁粉和糖渍橙子放入搅碎机中（图1）。
- 加入2个蛋清（图2），一起搅碎（图3）。
- 直到所有原料混合成均匀的杏仁蛋白面糊且无大块颗粒为止（图4）。
- 将另外2个蛋清放入搅拌机中打发。
- 当蛋清充满气泡时，逐渐加入细砂糖（图5），继续将蛋清打成紧实的蛋白霜（图6）。

(…)

原料

约60块意大利橙味杏仁饼干

准备时间：20分钟
干燥时间：1晚
制作时间：每炉烤8～10分钟

细砂糖　175克
杏仁粉　140克
优质糖渍橙子　50克
蛋清　4个
细砂糖　50克
糖粉（最后工序使用）　少许

1 将细砂糖、杏仁粉和糖渍橙子放入搅碎机中。

2 然后加入2个蛋清。

3 搅拌2分钟。

4 直到所有原料混合成均匀的杏仁蛋白面糊。

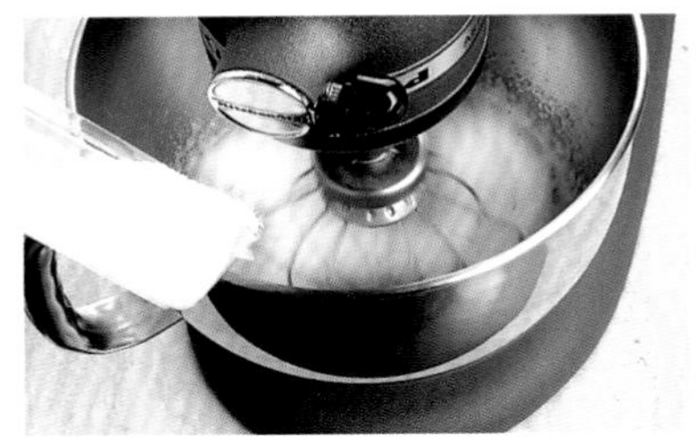

5 将另外2个蛋清放入搅拌机中打发。当蛋清充满气泡时，逐渐加入细砂糖。

6 直到将蛋清打成紧实的蛋白霜。

(…)

意大利橙味杏仁饼干
Amaretti à l’orange

- 接着将蛋白霜与杏仁蛋白糊混合（图7），用胶皮铲搅拌，做成紧实的橙味杏仁饼干糊（图8）。
- 装入带有平头圆口挤嘴的挤袋中，在铺有油纸的烤盘上挤出直径1厘米的小球（图9）。
- 用手掌轻轻拍打烤盘底部，使橙味杏仁饼干面糊表面平整。用细筛网将糖粉撒在表面（图10）。
- 常温放置一晚，表面不要覆盖任何东西，使面糊变干。

- 第二天，将烤箱预热至180℃。
- 用两根手指在干燥的橙味杏仁饼干面糊表面捏一下（图11和图12）。
- 放入烤箱，烤十几分钟，直到橙味杏仁饼干变成金黄色。
- 从烤箱取出后，将200毫升水倒入烤盘与油纸之间（图13）。这种方法便于将粘在油纸上的橙味杏仁饼干取下。
- 橙味杏仁饼干变凉后再从油纸上取下，将两片橙味杏仁饼干底部粘在一起（图14）。可以在橙味杏仁饼干烤好后还保持潮湿状态时粘在一起，这样操作起来比较简单。
- 将做好的意大利橙味杏仁饼干放在盘子里，干燥1小时后再享用。
- 也可放在金属密封盒中保存。

7 将蛋白霜与杏仁蛋白糊混合。

8 用胶皮铲搅拌，做成紧实的橙味杏仁饼干糊。

9 将橙味杏仁饼干糊装入挤袋中，在铺有油纸的烤盘上挤出直径1厘米的小球。

10 用细筛网将糖粉撒在表面，放置风干一晚。

11 第二天，将烤箱预热至180℃。用两根手指在干燥的橙味杏仁饼干面糊表面捏一下。

12 这是捏好后的样子，然后放入烤箱，烤8～10分钟。

13 将烤好的橙味杏仁饼干从烤箱取出，将200毫升水倒入烤盘与油纸之间。

14 当橙味杏仁饼干变凉后从油纸上取下，将两块橙味杏仁饼干底部蘸水粘在一起。干燥1小时后即可保存或享用。

课程17 老式马卡龙 Macarons à l'ancienne

- 将烤箱预热至160℃。
- 在锅中倒入一半水，中火加热，当作暖汤池使用。
- 将杏仁粉和细砂糖倒在容器内（图1），加入蜂蜜（图2）、几滴苦杏仁香精（注意用量，因其味道很冲）和蛋清（图3）。
- 用铲子搅拌（图4），和成比较浓稠的杏仁蛋白面团（图5）。
- 将装有杏仁蛋白面团的容器放在热水锅上，同时不停搅拌（图6）。
- 通过加热使杏仁蛋白面团变稀（图7），做成马卡龙面糊。
- 当温度越来越高，略微超过手指的温度时，将容器从热水锅上取下。
- 取出2汤匙马卡龙面糊保存待用。

(…)

原料

约60个马卡龙

准备时间：25分钟
制作时间：每炉烤20分钟

杏仁粉 200克
细砂糖 300克
蜂蜜 15克
苦杏仁香精 几滴
蛋清 4个

糖粉（撒在表面） 少许

1 将杏仁粉和细砂糖倒在一个容器内。

2 加入蜂蜜。

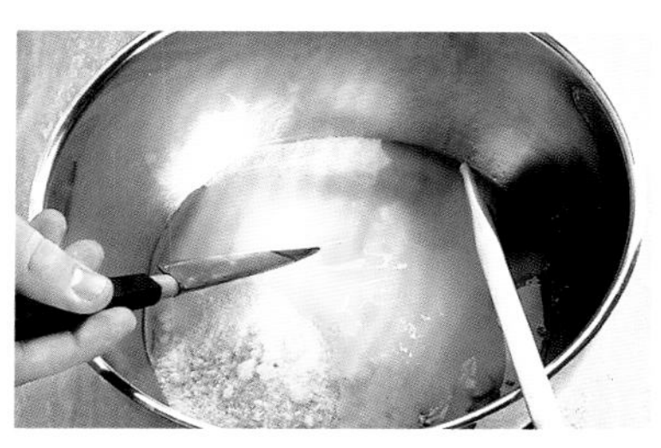

3 加入几滴苦杏仁香精与蛋清。

4 用铲子搅拌。

5 直到和成比较浓稠的杏仁蛋白面团。

6 将装有杏仁蛋白面团的容器放到热水锅上，同时不停搅拌。

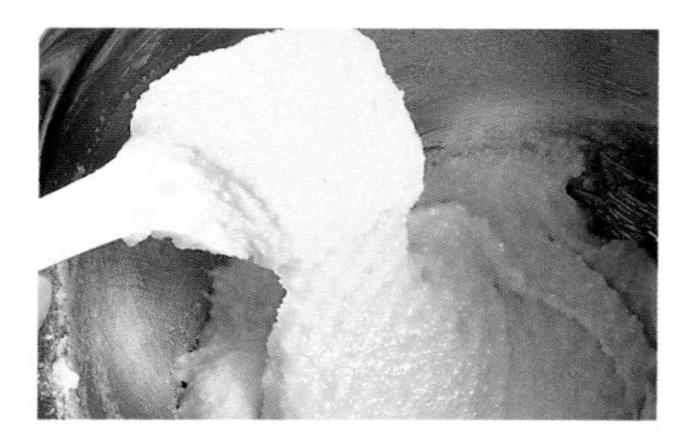

7 温度略微超过手指的温度即可，搅拌至杏仁蛋白面团变稀，做成面糊。

（…）

老式马卡龙
Macarons à l'ancienne

- 将马卡龙面糊装入带有平头圆口挤嘴的挤袋中，在铺有油纸的烤盘上挤出略扁的小球（图8）。
- 将吸水纸蘸湿，轻蘸每个马卡龙面糊球表面，让表面湿润（图9）。
- 撒上糖粉（图10）。
- 每个马卡龙面糊球的表面光滑明亮（图11）。
- 放入烤箱，烤20分钟左右，随时观察颜色。
- 烤好的马卡龙应该颜色均匀一致（图12）。
- 从烤箱取出后，将一杯水倒入烤盘与油纸之间（图13）。再次在马卡龙表面撒上一层糖粉（图14），待其完全冷却。
- 然后翻面放在表面干燥的盘子中（图15）。
- 用小刀取少量预留的生马卡龙面糊（图16）抹在马卡龙硬壳背面（图17），再盖上另外一块空马卡龙硬壳（图18），轻轻按压，直到看不见馅心（图19）。

8 留出2汤匙马卡龙面糊，剩余的装入挤袋中，在铺有油纸的烤盘上挤出略扁的小球。

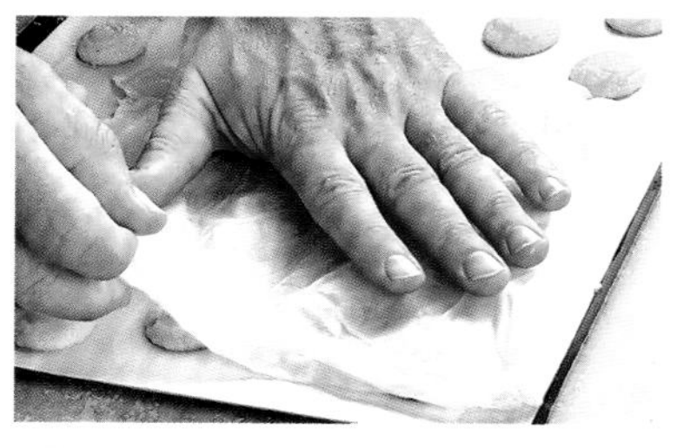

9 将吸水纸蘸湿，轻蘸每个马卡龙面糊球的表面，让表面湿润。

10 用细筛网将糖粉均匀地撒在马卡龙面糊球表面。

11 这是烤前的马卡龙面糊球。

12 放入预热至160℃的烤箱，烤20分钟左右。

13 从烤箱取出后，将一杯水倒在烤盘与油纸之间。

14 在马卡龙表面撒上一层糖粉，待其完全冷却。

15 然后翻面放在表面干燥的盘子中。

16 用小刀取少量预留的生马卡龙面糊。

17 抹在马卡龙硬壳背面。

18 盖上另外一块空马卡龙硬壳。

19 轻轻按压马卡龙硬壳，直到看不见馅心。

课程18 芒果马卡龙

Macaron à la mangue

● 制作焦糖馅心。

● 将一半的细砂糖倒入厚底锅中，中火加热。

● 细砂糖溶化后（呈浅黄色），加入另外一半细砂糖，继续加热至溶化。

● 小火加热，直到溶化的细砂糖变成焦糖。

● 这时分几次加入淡奶油，用铲子小心地搅拌，直到将焦糖稀释。

● 当淡奶油全部加入焦糖中，插入温度计测温，直到108℃。

● 温度达到后，立即离火，加入切成小块的咸黄油。

● 搅拌至黄油完全溶化，混合均匀，做成焦糖馅心。用保鲜膜密封好，常温保存待用（焦糖馅心要变得浓稠，但不能完全凝固）。

● 接下来制作黄油酱和牛奶蛋黄酱。

● 最后，制作马卡龙硬壳。

● 将烤箱预热至170℃。

● 按照第16页的第1～16步完成马卡龙蛋白霜的基础操作。

● 烫蛋白霜变凉后，加入少许食用黄色素和红色素（图1）。最终蛋白霜应该是比较深的橙色（图2）。

● 将一部分橙色蛋白霜与杏仁蛋白面糊混合（图3），搅拌稀释后，再加入剩余的橙色蛋白霜，搅拌至均匀细腻（图4），做成橙色马卡龙面糊。

(…)

原料

2个6～8人份的马卡龙

准备时间：1小时
制作时间：每炉烤20分钟
放置时间：1小时

焦糖馅心原料
细砂糖　140克
淡奶油　65克
咸黄油　100克

黄油酱（参考第60页）　250克
牛奶蛋黄酱（参考第64页）　250克

马卡龙面糊原料
糖粉　220克
杏仁粉　200克
细砂糖　200克
蛋清（重要！）　2份（约75克）
水　50毫升
食用黄色素和红色素　少许

组装及最后工序所需原料
新鲜成熟的芒果　1个
蜂蜜　1汤匙
柠檬汁　1/2个
水果（用于装饰）　适量

1　准备好馅心和杏仁蛋白面糊后，当烫蛋白霜变凉时，加入少许食用黄色素和红色素。

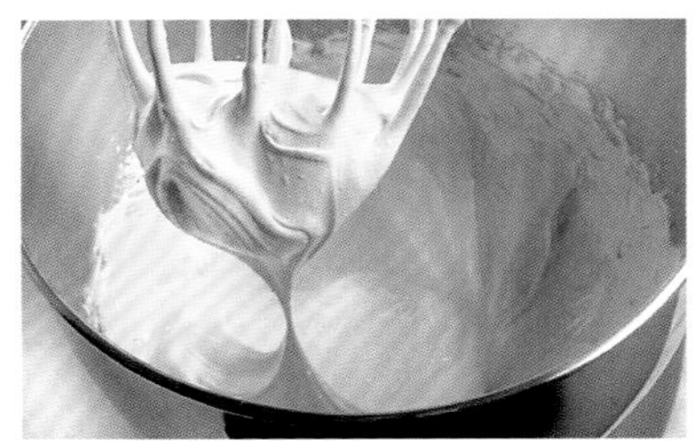

2　直到蛋白霜成为深橙色。

3　将三分之一的橙色蛋白霜与杏仁蛋白面糊混合。

4　再加入剩余的橙色蛋白霜，搅拌至均匀细腻，做成橙色马卡龙面糊。

（…）

芒果马卡龙
Macaron à la mangue

- 将油纸剪成直径为18～20厘米的圆形。将马卡龙面糊装入带有挤嘴的挤袋中，在铺有圆形油纸的烤盘上挤出螺旋饼（图5），直到挤满整片圆形油纸。
- 不需要用手掌轻拍烤盘底部，直接将马卡龙螺旋饼放入烤箱，烤15分钟，中间调转一次烤盘方向。
- 关于组装：首先将芒果去皮，再切成1厘米见方的小丁。
- 煎锅中倒入蜂蜜，中火加热。
- 加入芒果丁和柠檬汁（图6），翻炒2分钟左右。最后，倒在一个容器内，放入冰箱冷藏。

- 制作奶油酱馅心。
- 将牛奶蛋黄酱搅打至均匀细腻。
- 再将黄油酱放入另一个容器内，搅打至均匀细腻。

- 与170克咸黄油焦糖（剩余的保留）混合，充分搅打。再加入牛奶蛋黄酱，搅拌均匀。
- 这时的奶油酱叫作“慕斯琳”，润滑且均匀。
- 然后，将做好的奶油酱装入挤袋，在马卡龙硬壳背面边缘挤成一个圆圈（图7），接着在马卡龙硬壳中心挤成圆饼状（图8）。
- 用小勺将蜂蜜芒果丁平铺在中心的奶油酱上（图9），用挤袋或直接用咖啡匙淋上焦糖馅心（图10）。
- 上面再覆盖一层薄薄的奶油酱（图11）。然后将空的马卡龙硬壳盖在馅心上（图12）。
- 冷藏1小时，在芒果马卡龙表面装饰些水果后，即可享用。

5 将马卡龙面糊装入挤袋中，在铺有圆形油纸的烤盘上挤出螺旋饼，直径为18～20厘米。放入预热至170℃的烤箱，烤15～20分钟，中间调转一次烤盘方向。

6 煎锅中倒入蜂蜜，再加入芒果丁和柠檬汁翻炒。最后，倒入容器内，放在冰箱冷藏。

7 按照之前的操作步骤制作奶油慕斯琳，然后装入挤袋，在马卡龙硬壳背面边缘挤出一个圆圈。

8 接着在中心挤成圆饼状。

9 用小勺将蜂蜜芒果丁平铺在中心的奶油酱上。

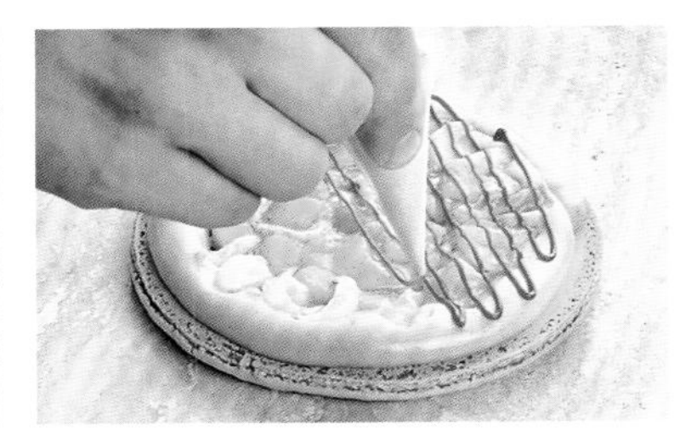

10 用装有焦糖馅心的挤袋或咖啡匙在表面淋上细线。

11 再覆盖一层薄薄的奶油酱。

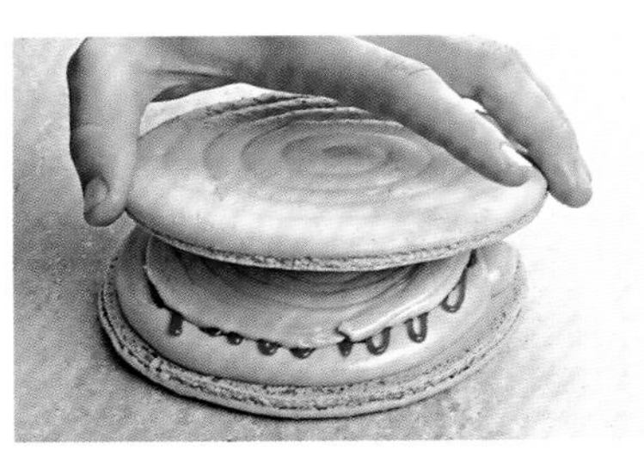

12 最后，将空的马卡龙硬壳盖在馅心上，冷藏1小时，在芒果马卡龙表面装饰些水果后，即可享用。

课程19 开心果覆盆子马卡龙

Macaron pistache framboise

- 制作马卡龙硬壳。
- 将烤箱预热至170℃。
- 注意！这个食谱需要多一些的糖粉，且烫蛋白霜的热糖浆温度为121℃。
- 制作杏仁糖粉：将无盐整粒开心果仁、杏仁粉和糖粉放入搅碎机中打成细末。
- 然后倒入容器内。按照第16页的步骤完成意式马卡龙蛋白霜的基础操作。
- 烫蛋白霜变凉后，加入少许食用黄色素和绿色素（图1），直到蛋白霜的呈鲜亮的深绿色（图2）。
- 将75克生蛋清倒入开心果杏仁糖粉中，搅拌均匀做成开心果杏仁蛋白面糊。然后在里面加入一小部分绿色蛋白霜（图3），搅拌稀释后，再加入剩余的绿色蛋白霜，搅拌至均匀且紧实细腻（图4），做成绿色马卡龙面糊。
- 将马卡龙面糊装入带有较大（直径14毫米）平头圆口挤嘴的挤袋中，在铺有圆形油纸的烤盘上挤出直径18~20厘米的螺旋饼（图5）（也可以预先将油纸剪成直径为18~20厘米的圆形，再将马卡龙面糊挤满在整片圆形油纸上）。
- 不需要用手掌轻拍烤盘底部。
- 在表面均匀地撒上一层薄薄的开心果仁碎（图6）。
- 放入烤箱，烤15~20分钟，中间调转一次烤盘方向。
- 将烤好的马卡龙硬壳放凉后再填馅。

(…)

原料

2个6-8人份的马卡龙

准备时间：1小时
制作时间：每炉烤20分钟
放置时间：至少1小时

开心果馅心原料
鸡蛋　2个
蛋黄　1个
细砂糖　80克
软黄油　230克
牛奶蛋黄酱（参考第64页）170克
开心果仁酱（参考最后的建议）30克

马卡龙面糊原料
无盐整粒开心果仁　65克
杏仁粉　135克
糖粉　220克
细砂糖　200克
水　50毫升
蛋清（重要！）2份（约75克）
食用黄色素和绿色素　少许
整粒开心果仁（斩碎用于装饰）50克

组装马卡龙所需原料
覆盆子果酱　50克
覆盆子　600克

1 烫蛋白霜的热糖浆温度为121℃。当烫蛋白霜变凉后，加入少许食用黄色素和绿色素。

2 直到蛋白霜呈鲜亮的深绿色。

3 将一小部分绿色蛋白霜加入开心果杏仁蛋白面糊中，搅拌稀释。

4 再加入剩余的绿色蛋白霜，搅拌均匀，直到紧实细腻且浓稠，做成绿色马卡龙面糊。

5 将马卡龙面糊装入挤袋，在铺有圆形油纸的烤盘上挤出直径为18～20厘米的螺旋饼。

6 表面均匀地撒上一层开心果仁碎。放入预热至170℃的烤箱，烤15～20分钟。

（…）

开心果覆盆子马卡龙
Macaron pistache framboise

● 制作开心果馅心并组装。

● 将鸡蛋、蛋黄和细砂糖倒入容器内，放在暖汤池上，用手持电动打蛋器搅打混合蛋液。

● 当蛋液变热，且起泡发白时即可停止加热，继续搅打，直到变温。

● 分几次加入软黄油，搅拌至黄油酱均匀润滑。

● 用保鲜膜密封好，常温保存待用。

● 将180克牛奶蛋黄酱轻轻搅拌均匀。

● 加入搅拌均匀的黄油酱中（图7和图8），继续搅拌至均匀。

● 加入开心果仁酱（图9），搅拌均匀（图10）。做好的开心果馅心润滑均匀。

● 用小挤袋（或小勺）将覆盆子果酱挤在马卡龙硬壳背面的边缘（图11）。

● 将覆盆子整齐地摆放在覆盆子果酱上，围成一圈（图12），成为马卡龙的最外圈。

● 接下来，将开心果馅心装入挤袋，挤在一圈覆盆子的里面（图13）。在开心果馅心上再摆放一圈覆盆子（图14）。

● 最后，将开心果馅心挤在覆盆子上（图15），盖上另一块空马卡龙硬壳（图16），完成组装。

● 按照此方法，制作2个开心果覆盆子马卡龙。

● 放入冰箱，冷藏至少1小时后享用。

● 建议：也可以按照第40页的方法制作开心果馅心，那种馅心简单易做，口感紧实。

● 制作开心果仁酱，还可以参考开心果马卡龙的食谱（第42页）。

7 将牛奶蛋黄酱加入黄油酱中。

8 搅拌至均匀且细腻润滑。

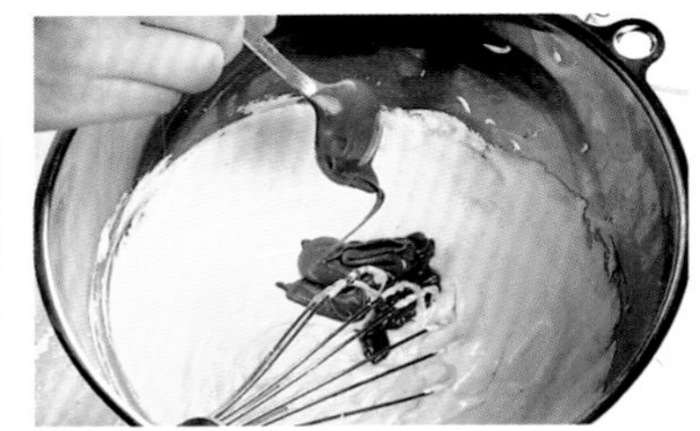

9 然后加入开心果仁酱，搅拌均匀。

10 做好的开心果馅心润滑且均匀。

11 马卡龙硬壳变凉后，用挤袋或小勺将覆盆子果酱挤在马卡龙硬壳背面的边缘。

12 将覆盆子整齐地摆放在覆盆子果酱上，围成一圈。

13 将开心果馅心装入挤袋，挤在一圈覆盆子上。

14 在开心果馅心的上再摆放一层覆盆子并摆放紧实。

15 将开心果馅心覆盖在覆盆子上。

16 盖上另外一块空马卡龙硬壳。放入冰箱冷藏至少1小时后享用。

课程20 马卡龙塔
Pyramide de macarons

- 将黑巧克力切成细碎，放入暖汤池隔水加热，或者放入微波炉加热。
- 当黑巧克力完全融化时，温度为50～55℃。搅拌均匀，将温度降至28～29℃，手指感觉略微发凉，融化的黑巧克力会开始变得浓稠。
- 再次加热，将温度升至可以使用的温度（31～32℃)。
- 用刷子蘸上融化的黑巧克力，刷在底座表面（图1）。
- 要使刷在底座上的黑巧克力厚薄一致（图2）。待黑巧克力冷却凝固。
- 当底座上的黑巧克力完全变硬后，开始粘马卡龙。
- 将每个马卡龙的一面刷一点融化的黑巧克力（图3），粘在底座上（图4）。从底座的最下部开始做起。
- 每种颜色的马卡龙交替粘接，码放紧密，之间避免空隙。
- 码放完第一层后，继续粘第二层（图5），注意同一颜色的马卡龙呈对角线码放（图6）。
- 码放至容器顶部时，将马卡龙立起来粘，以固定在底座上（图7）。
- 当全部马卡龙码放完成，待融化的黑巧克力完全凝固后，将马卡龙塔移动到自助餐台面或放入冰箱冷藏，享用时取出。

- 建议：可以将马卡龙塔做成任何形状，但是注意底座要干燥且干净。

原料

优质黑巧克力 250克

各种口味的马卡龙（建议2种颜色）

根据所使用支撑物体的大小，确定马卡龙的数量，但是至少需要40～50块马卡龙才能作出塔的效果。

准备时间：20分钟

放置时间：20分钟

工具

1个圆形底座的玻璃沙拉盆或者球底不锈钢盆

1 当黑巧克力融化后，用刷子刷在底座表面。

2 刷在底座上的黑巧克力要厚薄一致，待黑巧克力冷却凝固。

3 在每个马卡龙的表面刷一点融化的黑巧克力。

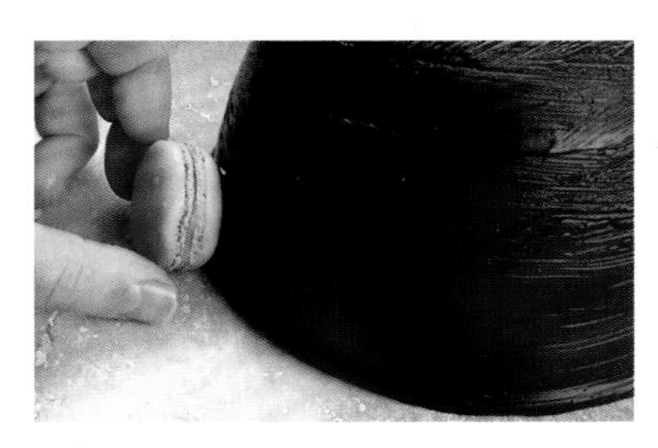

4 然后粘在巧克力底座上。每种颜色的马卡龙交替粘接码放。

5 第一层码放完成后，按照同样的方法，继续粘接第二层。

6 注意同一颜色呈对角线码放。

7 码放到容器顶层时，将马卡龙立起来，这样塔会显得高些。

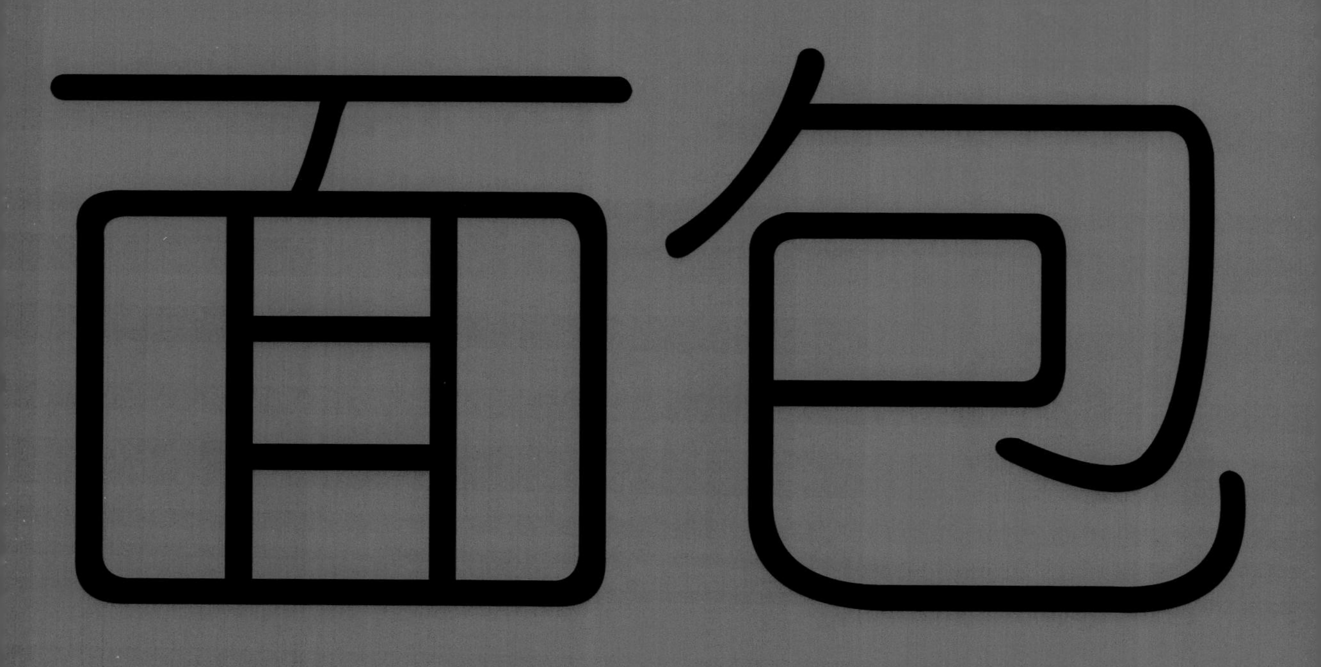

LES BRIOCHES ET

VIENNOISERIES

黄油面包和甜酥面包的制作
La fabrication des brioches et viennoiseries

这部分内容很实用，许多甜点都源于以下5个基础食谱。

5个基础食谱
Les 5 recettes de bases

牛角面包面团（第100页）La pâte à croissant

这是一种发酵涨发的面团，也称作分层发酵面团。

这种面团主要由两部分组成：甜发酵面团和黄油。根据层酥面坯制作的原理，即擀面和叠面，只是层酥面坯比分层发酵面团的操作步骤少。

按照此食谱实际制作一两次后，可以发现分层发酵面团是独一无二的。开始制作时，不要犹豫，可以做很多面团，制作各种各样款式的面包：如杏仁牛角面包、巧克力面包、菠萝方包和香草眼镜面包。

丹麦面包面团（第114页）La pâte à danish

这是一款分层黄油面包面团，比牛角面包面团更易融于口，只是不那么酥脆；烤好后能够保持较长时间柔软的口感，生面团更适合冷冻保存。

衍生出的葡萄干面包，也可以使用牛角面包面团制作。

牛奶面包面团（第124页）La pâte à pain au lait

这种面团比黄油面包面团的热量低，也更容易制作，只是缺少了制作过程的乐趣。

擀面团前尽量让面团醒够时间。如果厨房较热，可以将面团放入冰箱冷冻一会儿。当然，也可以用黄油面包面团代替。

衍生面包品种：热狗面包、汉堡包、三角果干面包。

黄油面包面团（第134页）La pâte à brioche

这种面团的原料非常丰富，包括大量的黄油。也称作细腻黄油面包，入口即化。

如果严格按照食谱的操作步骤，就不会遇到困难。

不用担心制作的面团过多（但要根据搅拌机的大小），可以用同样的醒发时间，轻松地制作各种面包。

衍生面包品种：辫子黄油面包、山核桃桂皮黄油面包、瑞士黄油面包、心形砂粒酥黄油面包、蜂巢黄油面包、粉色糖衣杏仁黄油面包、油炸黄油面包和方形黄油甜面包。

库格洛夫面包面团（第130页）La pâte à kouglof

这种面团是以黄油面包面团为基础加入少许的面肥制作而成。这种面团的第一个优点是容易制作，因为只需将所有原料倒入搅拌钢桶内，搅拌并和成面团，几乎就完成了；第二个优点是用这种面团做出的甜面包与咸面包都非常美味。

工具

Le matériel

台式搅拌机很容易操作，就算是完全用手工操作的食谱也可以使用搅拌机。

使用类似的机器可以让做出的面团更均匀。

如果有几个烤盘是最理想的，这样可以一次做出更多的甜酥面包。

模具的种类：蛋糕模具、塔模具、库格洛夫模具等；醒发好的面团可以使用任何形状的模具。

中等型号的擀面杖即可。

刷子是为黄油面包或其他面包表面最好的上色工具。

尺子可用来测量面团厚度，并按照食谱精确测量尺寸，是甜点制作的常用工具。

主要食材

Les matières premières

面粉 La farine

本章的食谱中，需要注意各种面粉种类的详细说明，也就是所说的45号和55号面粉。

关于面粉的一些相关信息在面粉包装袋上可以看到。在商店里，最常见到的是45号面粉。如果能找到并购买专用面粉，就会发现做出产品的不同效果。这样面团会非常紧实，并能缩短和面的时间。

45号面粉和成的面团更紧实，且更筋道和有弹性。

可以在55号面粉中加入45号面粉，这样和出的面团更加柔软。如果找不到55号面粉，可以使用45号面粉。

糖 Le sucre

建议使用比冰糖更细的细砂糖和糖粉，糖粉用于装饰。

黄油 Le beurre

黄油是经常使用的原料，避免使用人造黄油。关于选购黄油，选择带有包装且质地较硬的黄油，会便于操作。

天然酵母，就是新鲜的酵母 La levure biologique, dite fraîche

可以在烘焙店或一些商店里购买成包或按重量称的酵母。

酵母的使用非常简单，但是它的生命周期比较短。将鲜酵母放入小密封盒中，在冰箱内最长保存一周。

避免使用干燥酵母（味道不同），醒发过程和醒发时间几乎是一样的。可以增加三分之一的酵母用以延长三分之一的醒发时间。

醒发面团

La pousse des pâtes

面团醒发及准备过程中有许多步骤需要了解清楚。

制作面团 Confection de la pâte

混合面团所需的基础原料，其中的鲜酵母要根据不同食谱的步骤操作。

第一次醒发或“标记”Première pousse ou « pointage »

面团体积需要膨胀至之前的2倍：或者常温（20～30℃）放置醒1～1小时30分钟；或者放入冰箱冷藏醒12小时，使用前取出。

拍扁面团（跑气）Aplatir la pâte (ou la rompre)

将醒发的面团放在撒有薄面的案板上，用手压扁，还原至原始面团的大小。然后将面团放入冰箱，继续醒发，直到使用前取出。

面团成形 Travail de la pâte

按照食谱，将醒好的面团制作成形。如果这时面坯还在继续涨发，需要用手轻轻拍扁散气。

再次醒发（或烤前醒发）Pousse du produit (ou apprêt)

让甜酥面包坯在常温（最理想的温度是25℃）下醒发，用布或保鲜膜覆盖，同时还要保持潮湿。不恒定的室温需要在 22℃ 到30℃之间。

面坯的醒发时间根据大小和温度的不同而改变：至少需要1小时30分钟。

一定要让面坯充分醒发，达到2倍的膨胀度，这样才能具有令人满意的外形。

刷蛋液上色及烘烤 Dorure et cuisson

一旦面坯涨发成形，用刷子蘸上蛋液，在表面刷上薄薄一层，放入已经预热的烤箱中。

烘烤黄油面包和甜酥面包最好使用热风烤箱（或热循环烤箱），这样能够保持产品均匀的成熟度。

烘烤过程中转动烤盘，可以使面包颜色保持一致。

即使烤箱已经设定好时间，也需要时刻留意烘烤过程，每个烤箱会有所不同。

产品和保存 Production et conservation

可以提前一晚制作面团，然后放入冰箱保存，第二天再烘烤：这种情况，必须将面团用保鲜膜密封好。

也可以将面团冷冻。不过这样保存可能会杀死酵母，所以不要一直冷冻（最多四五天）。

黄油面包和甜酥面包可以保存2天。然而面包一旦烤好（最多24小时），品质和口味变化很快。所以，面包烤好后应尽快享用。

如果想第二天食用，可以将面包放入预热至160℃的烤箱，烤5分钟。

对于烤好的吐司和黄油面包，可以烤好后冷冻，这样可以保存一二周。

制作出品质优良的黄油面包和甜酥面包，会带来不一样的口味，可用于早餐。尽情享受吧！

课程 21 黄油牛角面包 Croissants au beurre

- 将2种面粉、细砂糖、奶粉、盐、软黄油和鲜酵母放入搅拌钢桶内（图1）。
- 开动搅拌机，逐渐加入冷水（图2）。中速搅拌6分钟，直到成为均匀的面团（图3）；和好的面团应该可以轻松地从不锈钢桶内壁取下（图4）。
- 将面团放在撒有薄面的案板上，用手按扁呈长方形（图5）。
- 用保鲜膜包好（图6），放入冰箱冷藏至少醒2小时。
- 操作面团前10分钟，将包裹用的黄油冷冻。
- 当面团醒够时间后（手指按上去会感觉非常硬），放在撒有薄面的案板上，擀成七八毫米厚的长方形（图7）。
- 将包裹用的黄油放在案板上，如果黄油太软可以放在撒有薄面的油纸上，擀成大小为长方形面坯一半的长方形（图8）。
- 将长方形黄油放在面坯的下半部（图9）。

(…)

原料

15~20个牛角面包或1千克面团

准备时间：40分钟
醒面团时间：4小时
牛角面包坯醒发时间：2小时
制作时间：12~15分钟

55号面粉 （若没有也可用45号面粉代替） 350克
45号面粉 150克
细砂糖 60克
奶粉 10克
盐 2咖啡匙（约12克）
软黄油 100克
鲜酵母 25克
冷水 230毫升
硬黄油（包裹用） 250克

上色原料
鸡蛋 1个
蛋黄 1个

1 将2种面粉、细砂糖、奶粉、盐、软黄油和鲜酵母放入搅拌钢桶内。

2 逐渐加入冷水。

3 中速搅拌6分钟，和成面团。

4 和好的面团很筋道，可以轻松地从不锈钢桶内壁取下且不粘黏。

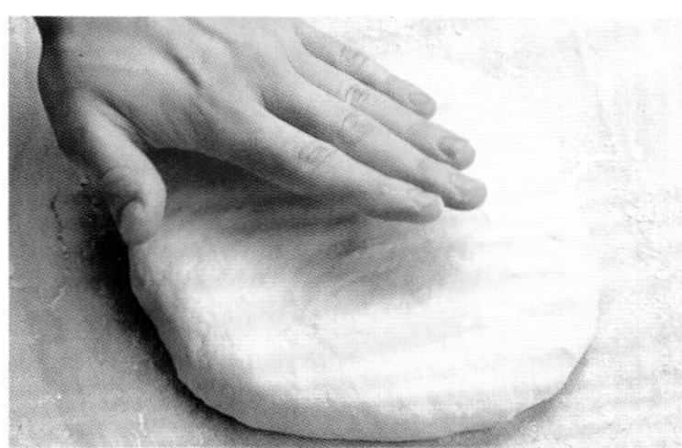

5 将面团按扁呈长方形。

6 将面团用保鲜膜包好，放入冰箱冷藏至少醒2小时

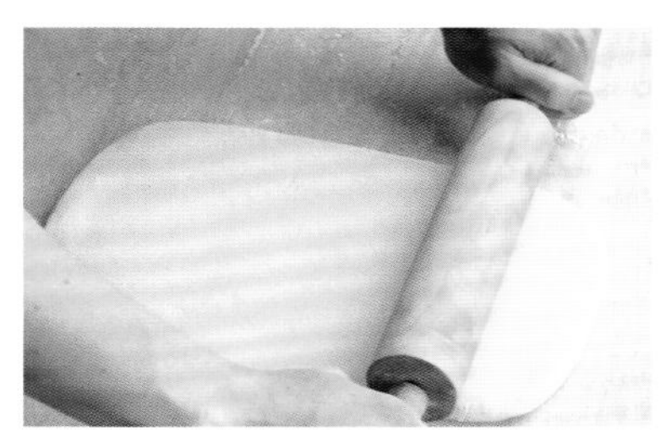

7 面团醒好后，放在撒有薄面的案板上，擀成约7毫米厚的长方形。

8 将包裹用的冷黄油放在案板上，擀成大小为长方形面坯一半的长方形。

9 将长方形黄油放在面坯的下半部。

(…)

黄油牛角面包
Croissants au beurre

- 将上半部的面坯折叠后盖在黄油上（图10），将黄油完全盖住（图11）。
- 将面坯调转90度，使断层封口处朝右，将面坯擀长（图12），直到面片为六七毫米。始终保持面坯的方向。
- 将下半部面坯向上折叠至三分之二处（图13）。
- 再将上半部的面坯向下折叠，与下半部面坯的边缘处对齐（图14和图15）。
- 然后将长方形面坯对折（图16），用手轻按，使面坯表面平整光滑（图17）。
- 此时面坯为4层（图18）。用保鲜膜包裹好，放入冰箱冷藏1小时。

- 当面坯醒够时间后，放在撒有薄面的案板上，面坯方向与之前操作的方向一致，然后旋转90度，断层封口朝右。
- 将面坯擀成六七毫米厚的长方形（图19）。

(…)

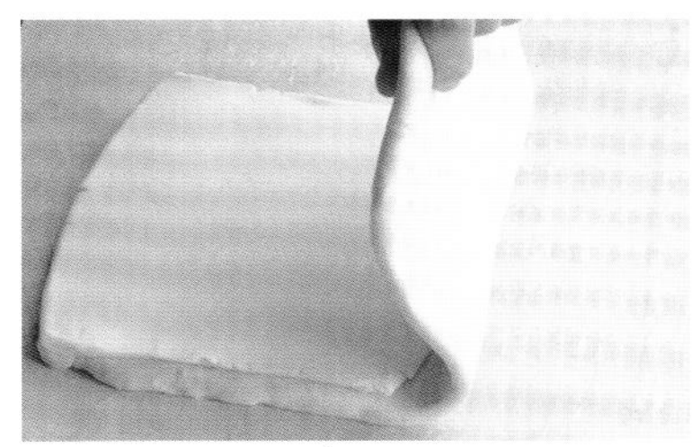

10 将上半部的面坯折叠后盖在黄油上。

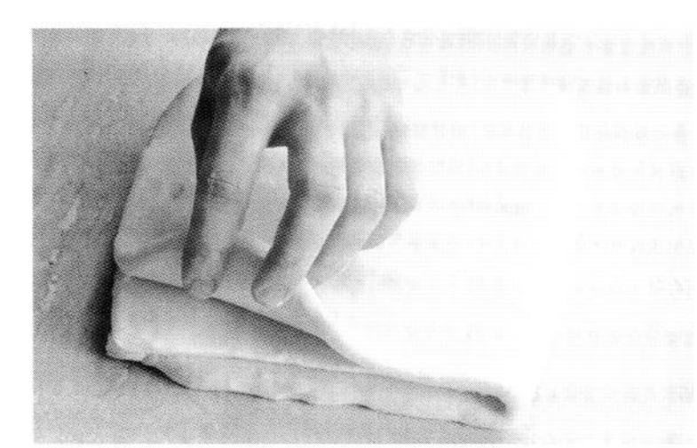

11 面坯要将黄油完全盖住。

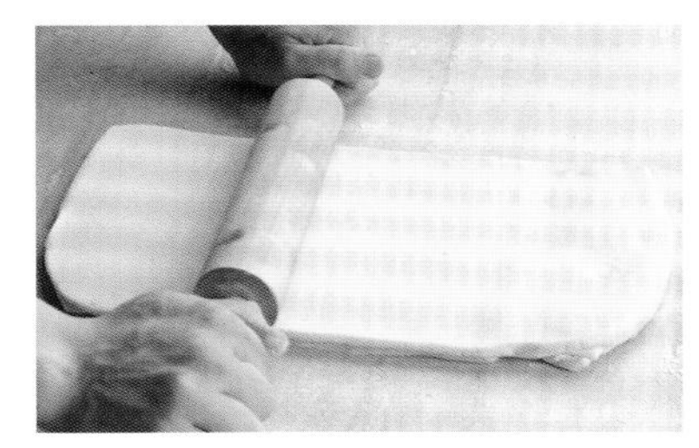

12 将面坯调转90度，擀成约6毫米厚的面片始终保持面坯的方向。

13 将下半部的面坯向上折叠至三分之二处。

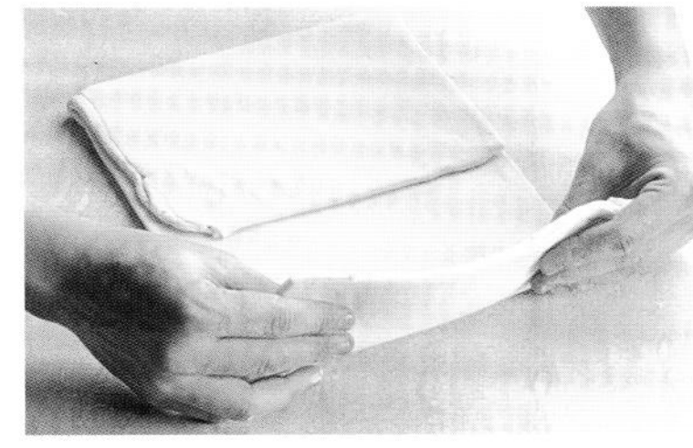

14 再将上半部的面坯向下折叠，与下半部面坯的边缘处对齐。

15 中间不要留空隙。

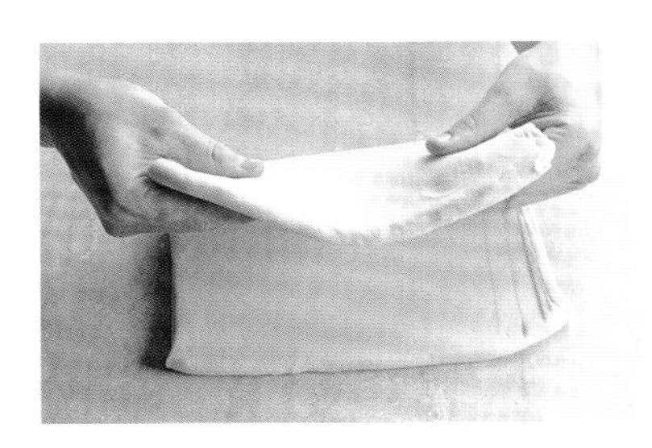

16 将长方形面坯对折。

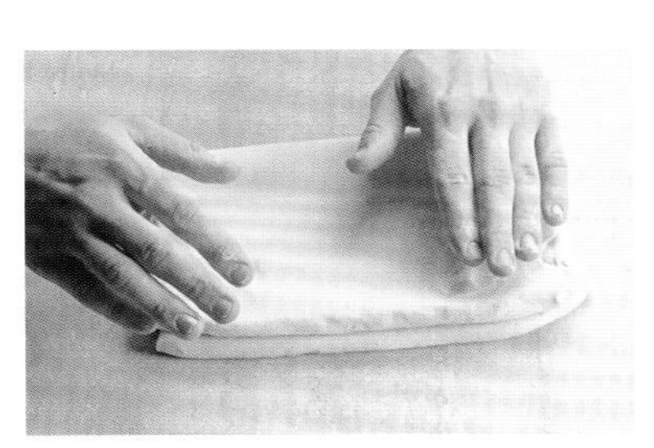

17 用手将面坯表面整平。

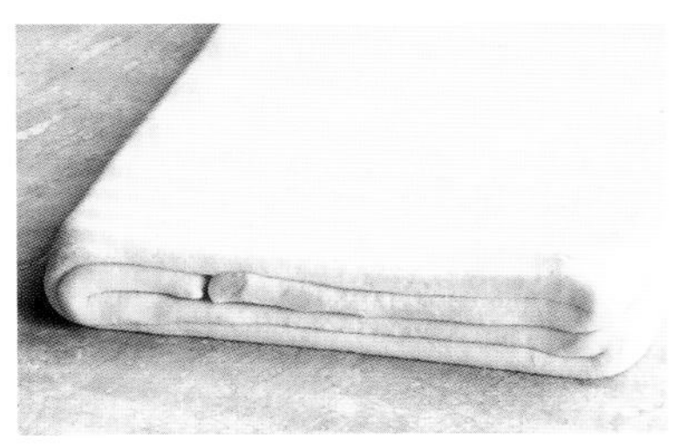

18 此时面坯为4层，用保鲜膜包裹好，放入冰箱冷藏1小时。

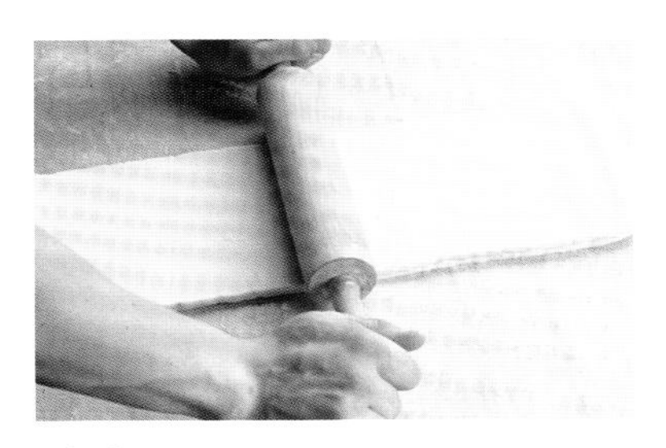

19 面坯醒好后，断层封口处朝右，擀成6毫米厚的长方形。

(…)

黄油牛角面包
Croissants au beurre

- 按照之前的操作步骤，将下三分之一的面坯向上折叠（图20），上三分之一的面坯向下折叠（图21），形成一个长方形的3层面坯（图22）。
- 用保鲜膜包裹好，放入冰箱再冷藏1小时。
- 面坯醒好后，放在撒有薄面的案板上（图23）。需要朝左右两个方向将面坯擀成三四毫米的大正方形面片（图24）。
- 横向平均切成两份（图25），这样就有2块同样的长方形面片。
- 用锋利的大号刀将长方形面片切成多个底边为5厘米的三角形面片（图26）。
- 将2块面片切好后，放入冰箱冷藏。
- 之后，将三角面片卷起，从三角面片的底边开始（图27）向顶角的方向卷动（图28）。最后卷好的牛角面坯的顶角部分向下放置（图29），避免在烘烤时张开。
- 将做好的牛角面包坯之间留出一定的间距，摆放在铺有油纸的烤盘上。
- 放在较温暖的地方（不要超过30℃），醒2小时，直到面坯体积膨胀至原来的2倍。

- 面坯醒至最后20分钟时，开启烤箱，预热至180～190℃。
- 准备上色原料：混合鸡蛋和蛋黄，搅拌均匀。
- 面坯充分醒发后（图30），用刷子蘸上蛋液，轻轻地刷在面坯表面（图31）。
- 放入烤箱烤12～15分钟，要随时注意烤箱内面包的颜色。
- 烤好放凉后即可享用。

- 建议：牛角面包的制作看起来很复杂，但是只要按照食谱做一次，就知道实际上容易，成品让人非常满意。
- 牛角面包做好后，可以将多做的生面包面坯冷冻保存。
- 不必担心多出来的面团，还可以用于其他食谱的制作（参考第106页）。

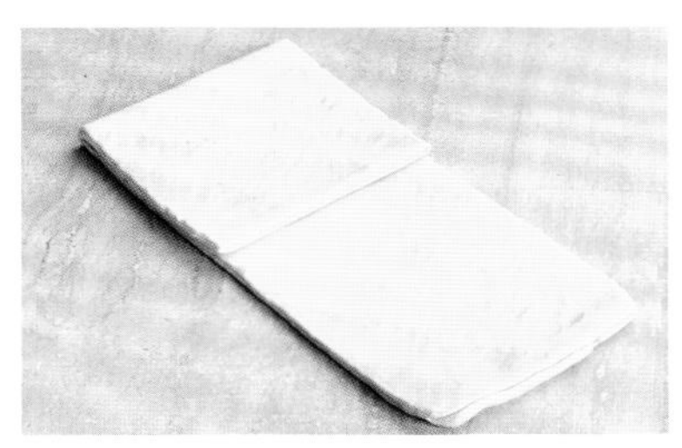

20 将下三分之一的面坯向上折叠。

21 将上三分之一的面坯向下折叠，做成长方形的3层面坯。

22 这是折叠好的面坯，放入冰箱冷藏1小时。

23 将面坯调转90度，擀成大约6毫米厚的长方形面片。

24 需要将面坯朝左右两个方向擀成三四毫米的大正方形面片。

25 将大面片一分为二。

26 用锋利的大号刀将长方形面片切成多个底边为5厘米的三角形面片，放入冰箱冷藏。

27 将三角面片从底边开始卷起。

28 向三角面片顶角的方向卷动。

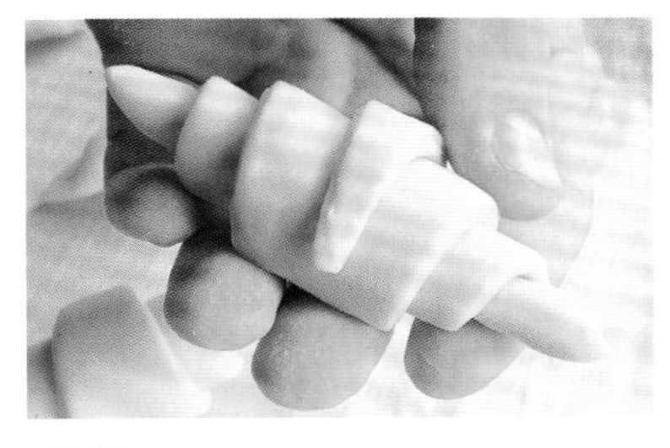

29 卷好的牛角面坯的顶角部分向下，放在铺有油纸的烤盘上，放在温暖的室内醒2小时。

30 这是醒好的牛角面坯，体积膨胀至原来的2倍。

31 在表面轻轻刷上一层蛋液，放入预热至180℃的烤箱内，烤12～15分钟。

课程22 杏仁牛角面包

Croissants aux amandes

- 按照第1～26步骤（第100页）制作牛角面包面坯，之后将三角形的牛角面包面坯放入冰箱冷藏10分钟。
- 在此期间，制作馅心：将糖粉、杏仁粉、苦杏仁糖浆、蛋黄和牛奶放在一起，搅拌均匀。
- 取5块三角形的牛角面包面坯放在案板上，将馅心放在离三角面坯底边1厘米的地方（图1）。
- 将两个底角向内折叠包住馅心（图2），呈衬衫领子的形状。
- 用手指将面坯领口的顶端向下压，将口封住（图3）：要完全包裹住馅心（图4）。

- 从面坯底部向上卷（图5），一边卷一边向前推（图6和图7）。
- 卷好的杏仁牛角面坯的顶角向下放置（图8），放在铺有油纸的烤盘上。
- 按照此方法制作20个杏仁牛角面包面坯。
- 常温放置，醒2小时。

- 制作糖浆：将水和细砂糖煮开，放凉后加入橙花水。
- 面坯醒至最后20分钟时，开启烤箱预热至180℃。
- 混合鸡蛋和蛋黄，搅拌均匀。
- 面坯完全醒好后，用刷子蘸上蛋液，轻轻刷在面坯表面，再撒上杏仁片（图9）。放入烤箱，烤12～15分钟。
- 杏仁牛角面包烤好后，从烤箱取出，在表面刷上薄薄一层橙花糖浆（图10）。
- 放凉后即可享用。

原料

20个杏仁牛角面包

准备时间：10分钟+制作牛角面包面坯时间
牛角面包面坯醒发时间：2小时
制作时间：12~15分钟

20片三角形牛角面包面坯（参考第100页）

馅心及最后工序所需原料
糖粉　75克
杏仁粉　150克
苦杏仁糖浆　5滴
蛋黄　1个
牛奶　2汤匙
杏仁片　50克

糖浆原料
细砂糖　50克
水　50毫升
橙花水　1汤匙

上色原料
鸡蛋　1个
蛋黄　1个

1 将馅心放在离三角面坯底边1厘米的地方。

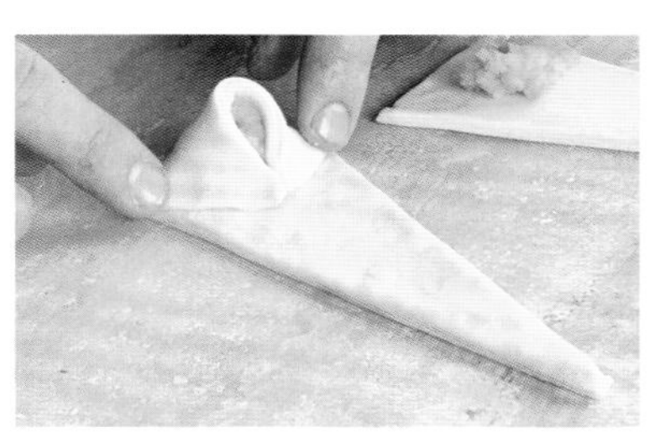

2 将两个底角向内折叠包住馅心。

3 将口封住。

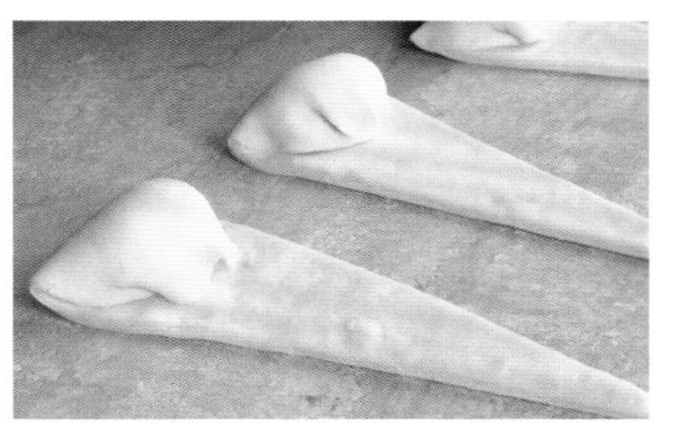

4 要完全包裹住馅心。

5 从面坯底部向上卷。

6 一边卷一边向前推。

7 动作要轻。

8 卷好的杏仁牛角面坯的顶角向下放置，放在铺有油纸的烤盘上。常温醒2小时。

9 用刷子蘸上蛋液，轻轻刷在面坯表面，再撒上杏仁片。放入预热至180℃的烤箱，烤12~15分钟。

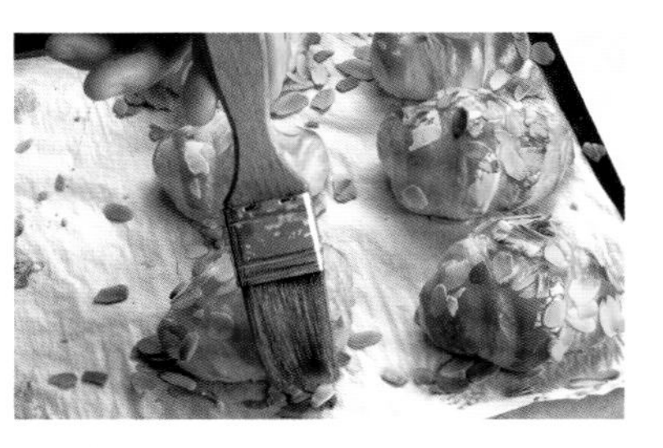

10 从烤箱取出，在杏仁牛角面包表面刷一层薄薄的橙花糖浆。

课程23 菠萝方包

Carrés à l'ananas

- 按照第1-23步骤（第100页）制作牛角面包面坯，之后放入冰箱冷藏1小时。
- 在案板上撒一层薄面，放上面坯，擀成3毫米的长方形片（图1）。
- 将面片切成边长7厘米的正方形面片（图2），整齐地摆放在铺有油纸的烤盘上。常温醒2小时，表面无需覆盖。
- 醒面片期间，制作牛奶蛋黄酱，按照第148页的第1～3步骤操作。将做好的牛奶蛋黄酱放入冰箱冷藏。
- 将菠萝去皮，纵向切成3块，去掉中间的硬心，再横向切成3毫米的片。
- 将红糖放入煎锅，中火加热，直到溶化成焦糖。加入黄油和菠萝片（图3），熬煮二三分钟，直到菠萝片表面沾满焦糖，常温保存待用。
- 在牛奶蛋黄酱中加入30克椰蓉，搅拌均匀（图4）。

- 将细砂糖和水放入锅中，中火加热，煮开后放凉，做成糖浆。
- 混合鸡蛋和蛋黄，搅打均匀。
- 将烤箱预热至180℃。
- 当方形面片充分醒发后，在表面刷一层蛋液（图5）。
- 用挤袋（或者直接用小勺）将椰蓉牛奶蛋黄酱挤在方形面片中央（图6）。
- 将3块菠萝片放在上面（图7和图8），放入烤箱烤12～15分钟。
- 当菠萝方包上色后，从烤箱取出，表面刷上糖浆（图9）。
- 在菠萝方包的边缘撒些椰蓉（图10）。

- 建议：也可以使用其他水果代替菠萝，如：梨、樱桃、桃或其他自己喜欢的水果。

原料

10个菠萝方包

准备时间：20分钟+制作牛角面包面坯时间

面坯放置时间：制作完成后1小时

面坯醒发时间：2小时

制作时间：12～15分钟

牛角面包面坯（参考第100页）500克

牛奶蛋黄酱（参考第148页）250克

菠萝1/2个（或净糖水菠萝500克）

红糖 10克

黄油 10克

椰蓉 40克

细砂糖 50克

水 50毫升

上色原料

鸡蛋 1个

蛋黄 1个

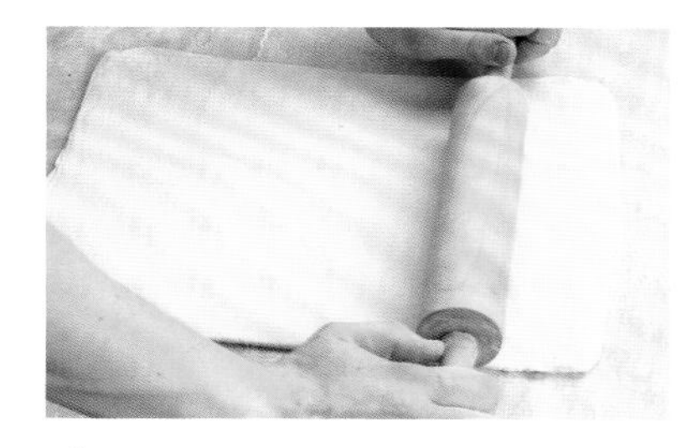

1 在案板上撒一层薄面，放上面坯，擀成3毫米的片。

2 将面片切成边长7厘米的正方形面片，整齐地摆放在铺有油纸的烤盘上，常温下醒2小时。

3 将红糖加热溶化成焦糖，之后加入黄油和菠萝片。

4 在牛奶蛋黄酱中加入30克椰蓉，搅拌均匀。

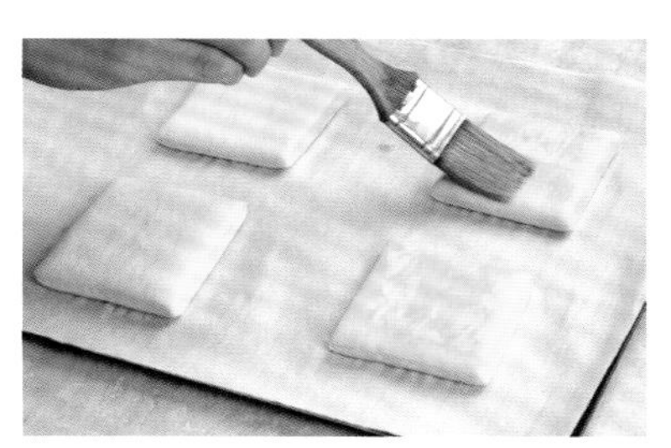

5 当方形面片充分醒发后，在表面刷一层蛋液。

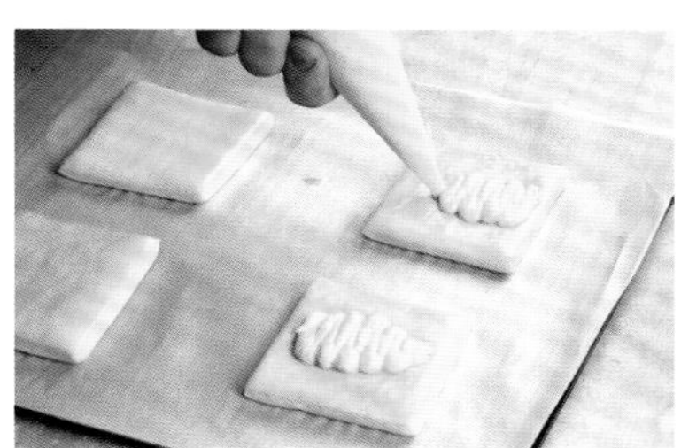

6 用挤袋（或直接用小勺）将椰蓉牛奶蛋黄酱挤在方形面片中央。

7 将3块菠萝片放在椰蓉牛奶蛋黄酱上。

8 这是做好的样子。放入预热至180℃的烤箱，烤12～15分钟。

9 当菠萝方包上色后，从烤箱取出，在表面刷上糖浆。

10 将预留的10克椰蓉撒在菠萝方包的边缘。

课程24 巧克力面包 Pains au chocolat

- 按照第1～23步骤（第100页）制作牛角面包面坯，放在撒有薄面的案板上，擀成厚三四毫米，约长33厘米、宽25厘米的长方形（图1）。
- 纵向将面片平均切成2片长33厘米、宽12厘米的长方形面片（面片会略微收缩）（图2）。
- 横向将2片长方形面片按照巧克力棍的长度平均切成4片（图3）。
- 这样可以分割出8片长12厘米、宽8厘米的长方形小面片。
- 将1根巧克力棍放在距离长方形小面片顶端大约1.5厘米处（图4），将顶端面片向内折叠包裹住巧克力棍（图5）。
- 接着在折叠处放上第二根巧克力棍（图6），继续卷面片（图7）。
- 直到将剩余部分的面片卷好，成为巧克力面包的形状（图8）。
- 一定要注意封口向下（图9），这样可以避免烘烤过程中面坯张开。

- 将做好的巧克力面包面坯之间留出一定的距离，摆放在铺有油纸的烤盘上。表面用保鲜膜封好，以免表皮干裂，常温放置，醒2小时30分钟。
- 面坯醒至最后20分钟时，将风暖烤箱预热至190℃。
- 准备上色原料：将鸡蛋和一小捏盐混合，搅打均匀。
- 用刷子蘸上蛋液，刷在巧克力面包面坯表面（图10），放入烤箱，烤12～15分钟。
- 中间可以调换烤盘方向，以获得颜色均匀的巧克力面包。

- 建议：如果在甜品面包店找不到16根巧克力棍，可以使用可可脂含量55%的板块黑巧克力代替，还可以完全使用牛角面包面坯制作。

原料

8个巧克力面包

准备时间：20分钟（加上制作牛角面包面坯时间）
面坯醒发时间：2～3小时
制作时间：12～15分钟

牛角面包面坯（参考第100页）500克
巧克力面包专用巧克力棍16根（或者板块巧克力2块）

上色原料
鸡蛋　1个
盐　1捏

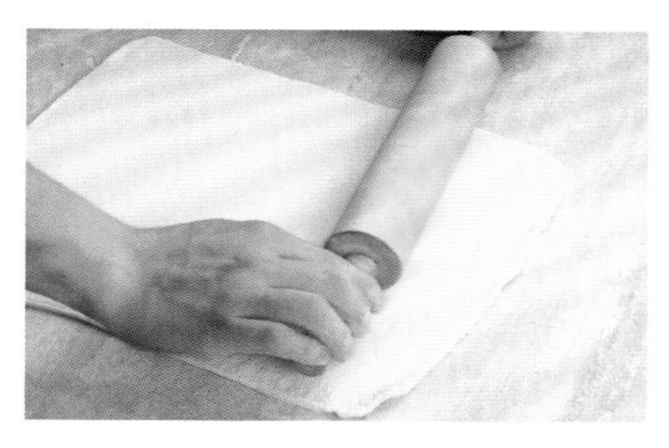

1　将牛角面包面坯擀成厚三四毫米，约长33厘米，宽25厘米的长方形。

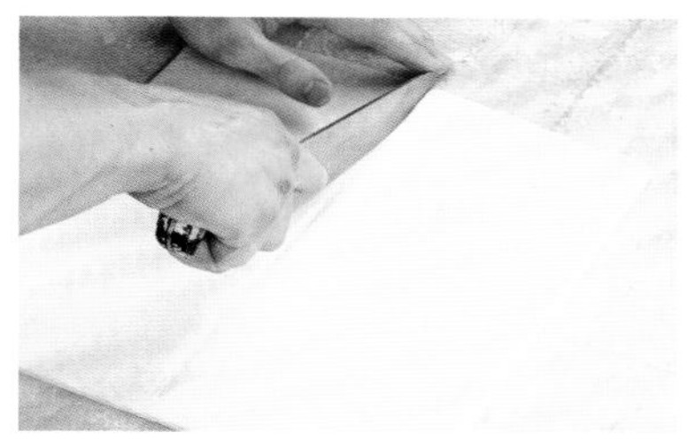

2　纵向将面片平均切成长33厘米、宽12厘米的长方形面片。

3　横向将2块长方形面片按照巧克力棍的长度平均切成4片。

4　将1根巧克力棍放在距离长方形小面片顶端大约1.5厘米处。

5　将顶端面片向内折叠包裹住巧克力棍。

6　接着在折叠处放上第二根巧克力棍。

7　继续卷面片，注意不要弄破。

8　直到将剩余部分的面片卷好。

9　一定要注意封口处向下，摆放在铺有油纸的烤盘上。表面用保鲜膜封好，以免表皮干裂，常温放置，醒2小时30分钟。

10　烘烤制前将刷子蘸上蛋液，刷在巧克力面包面坯表面。放入预热至190℃的烤箱，烤12～15分钟。

课程25 香草眼镜面包
Lunettes à la vanille

- 按照第1～23步骤（第100页）制作牛角面包面坯，放入冰箱冷藏，醒1小时，直到完全冷却。
- 将牛角面包面坯放在撒有薄面的案板上，用擀面杖擀成三四毫米的片（图1）。
- 用刀将面片纵向切成1.5厘米宽的长条（图2）。
- 将所有切好的面条放入冰箱冷藏，之后将每根面条扭成较长的卷缆花饰状（图3）。
- 将两头捏在一起，做成一个结（图4），接口部分向上，放在面圈下，两边各一个圆圈，呈眼镜的形状（图5）。
- 眼镜的面圈一定要呈卷缆花饰状（图6）。
- 将眼镜面坯摆放在铺有油纸的烤盘上，之间留出一定的距离。
- 表面封上保鲜膜，避免眼镜面坯变干变硬，常温醒2小时。

- 在此期间，制作牛奶蛋黄酱，按照第1～3步骤操作（参考第148页），做好后放入冰箱冷藏。
- 当面坯醒至最后20分钟时，开启烤箱，预热至180℃。
- 眼镜面坯充分醒发后（图7），在表面刷上蛋液（图8）。
- 用挤袋（或直接用小勺）将牛奶蛋黄酱挤在眼镜圈内（图9）。
- 放入烤箱，烤12～15分钟。
- 烘烤期间，将糖粉和樱桃利口酒混合并搅拌均匀。待香草眼镜面包烤好取出后，刷在表面（图10）。
- 放凉后即可享用。

- 建议：可以用水代替樱桃利口酒，这样孩子们就可以享用了。

原料

约15个香草眼镜面包

准备时间：25分钟+制作牛角面包面坯时间
醒面坯时间：1小时
香草眼镜面包面坯醒发时间：2小时
制作时间：12～15分钟

牛角面包面坯（参考第100页）500克
牛奶蛋黄酱（参考第150页）200克

上色原料
鸡蛋 1个
蛋黄 1个

最后工序所需原料
糖粉 100克
樱桃利口酒 250毫升

1 将牛角面包面坯放在撒有薄面的案板上，用擀面杖擀成三四毫米的片。

2 用刀将面片纵向切成1.5厘米宽的长条，放入冰箱冷藏。

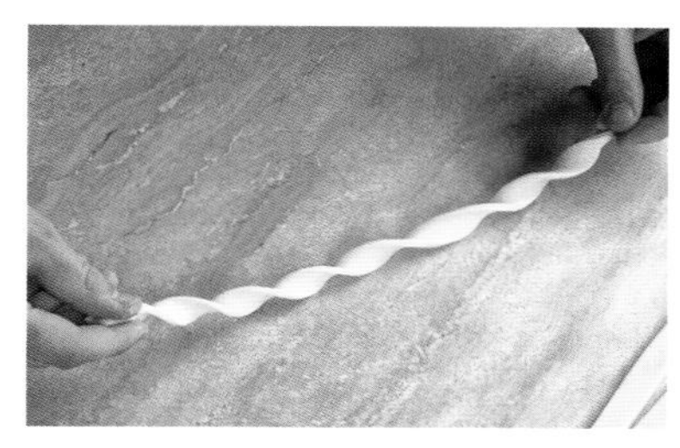

3 将每根面条扭成较长的卷缆花饰状。

4 将两头捏在一起，成为一个结。

5 接口部分向上，放在面圈下，两边各一个圆圈。

6 做成眼镜的形状后，摆放在铺有油纸的烤盘上，常温醒2小时。

7 这是醒发好的眼镜面坯。

8 在表面刷上蛋液。

9 将牛奶蛋黄酱挤在眼镜圈内。放入预热至180℃的烤箱，烤12～15分钟。

10 香草眼镜面包出炉后，将混合好的糖粉和樱桃利口酒刷在表面。

课程26 丹麦面包 Danish

- 45号将面粉、细砂糖、盐、奶粉和鲜酵母放入一个大容器内，再加入鸡蛋和水（图1）。
- 用手搅拌的同时用力碾碎所有原料（图2），和成紧实的面团。
- 加入软黄油（图3），继续搓揉，直到黄油与面团完全混合（图4）。
- 和好的面团表面光滑，柔软有韧性（图5）。用保鲜膜包裹好，放入冰箱冷藏至少1小时30分钟。

- 醒面团期间，制作馅心。
- 将糖粉和杏仁粉倒入一个容器内，加入牛奶和蛋黄（图6），用铲子搅拌成浓稠的杏仁糊（图7），作为馅心。

- 面团醒至最后10分钟时，将250克包裹用黄油放入冰箱冷冻。
- 将面团放在撒有薄面的案板上，擀成6毫米厚的长方形（图8）。将冷冻的黄油放在撒有薄面的案板上，擀成面片一半大小的长方形（图9）。

(…)

原料

约20个丹麦面包或950克面团

准备时间：40分钟
醒面坯时间：3小时
丹麦面包面坯醒发时间：2小时
制作时间：12～15分钟

面团原料
45号面粉 375克
细砂糖 25克
盐 2咖啡匙（或8克）
奶粉 15克
鲜酵母 25克
鸡蛋 1个
水 115毫升
软黄油 40克
黄油（包裹用） 250克

馅心原料
糖粉 75克
杏仁粉 150克
牛奶 2汤匙
蛋黄 2个

最后工序所需原料
细砂糖 2汤匙
黄油 20克
黄苹果 5个
覆盆子 20个

糖浆原料
细砂糖 50克
水 50毫升

上色原料
鸡蛋 1个
蛋黄 1个

1 将面粉、细砂糖、盐、奶粉和鲜酵母放入一个大容器内，再加入鸡蛋和水。

2 用手搅拌所有原料。

3 和成紧实的面团后，加入软黄油。

4 继续用手搓揉面团。

5 和好的面团表面光滑，柔软有韧性。用保鲜膜包裹好，放入冰箱冷藏至少1小时30分钟。

6 将糖粉和杏仁粉倒入一个容器内，加入牛奶和2个蛋黄。

7 用铲子搅拌成浓稠的杏仁糊，作为馅心。

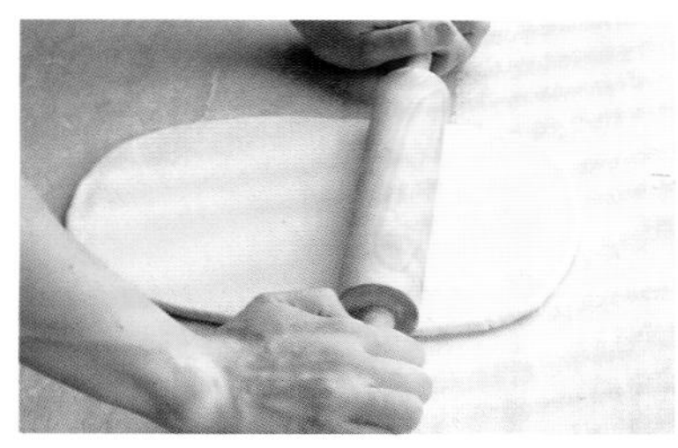

8 将面团放在撒有薄面的案板上，擀成6毫米厚的长方形。

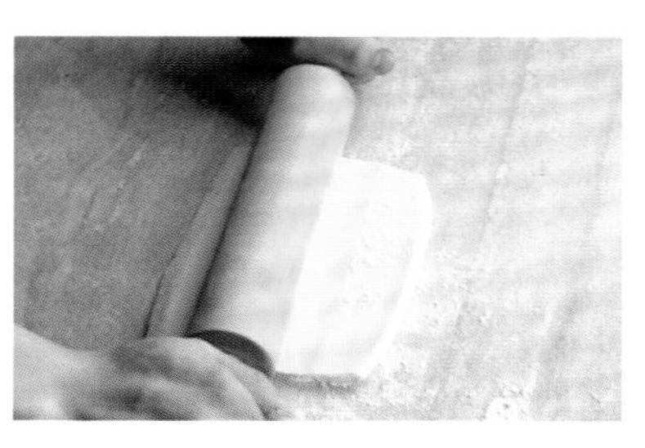

9 将冷冻的黄油擀成面片一半大小的长方形。

(…)

丹麦面包
Danish

- 如果黄油较软，可以放在撒有薄面的油纸上擀开。
- 将黄油片放在长方形面片的下半部（图10），用手指将黄油片的边缘与面片边缘按压在一起。
- 折叠面片的上半部，盖住黄油片（图11和图12），要将黄油片完全盖住（图13）。

- 将面坯旋转90度，使断层封口处朝右，然后将面坯擀长，注意始终纵向擀面坯（图14），直到将面坯擀成六七毫米的片。
- 用两只手拿起面坯的下半部分，向上折叠，使面坯底边折至整体面坯的三分之二处（图15）。
- 再将上部的面坯向下折叠，使上部的顶边与之前的底边相接（图16）。
- 将整块长方形面坯对折（图17），成为一块4层的面坯。
- 用保鲜膜包好，放入冰箱冷藏35分钟。

- 面坯充分醒好后，纵向放在撒有薄面的案板上，断层封口处朝右。
- 擀成六七毫米厚的面片（图18）。底部面片向上折叠三分之一（图19），再将上部面片向下折叠三分之一（图20），成为一块3层的面坯。
- 用保鲜膜包好，放入冰箱冷藏1小时。面坯充分醒好后，均匀地切成2块，这样比较容易操作。
- 将每块面坯擀成厚三四毫米（图21），长16厘米的长方形。

(…)

10 将黄油片放在长方形面片的下半部，用手指将黄油片的边缘与面片边缘按压在一起。

11 将面片的上半部折叠。

12 盖住黄油片。

13 面片要完全覆盖黄油。

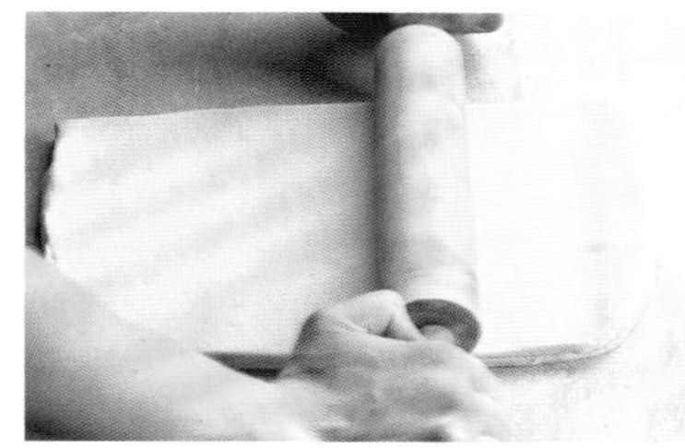

14 将面坯旋转90度，纵向擀长，直到面坯成为六七毫米的片。

15 用双手拿起面坯的下半部，向上折叠，使面坯底边位于整体面坯的三分之二处。

16 再将上部的面坯向下折叠，使得上部顶边与之前的底边相接。

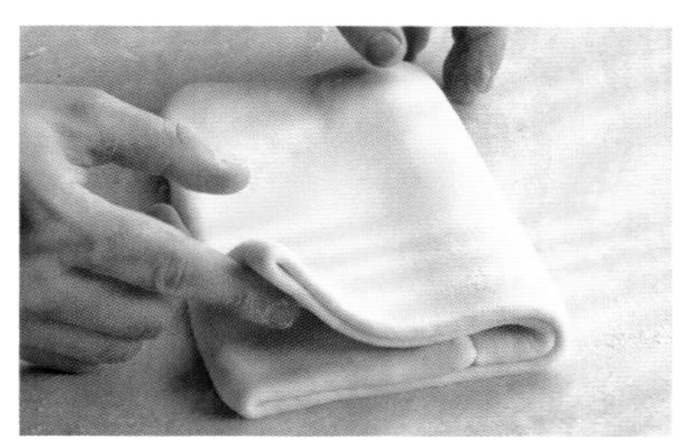

17 将长方形面坯对折，成为一块4层的面坯，放入冰箱冷藏35分钟。

18 将面坯从冰箱取出，旋转90度，擀成六七毫米厚的长方形面片。

19 将底部面片向上折叠三分之一。

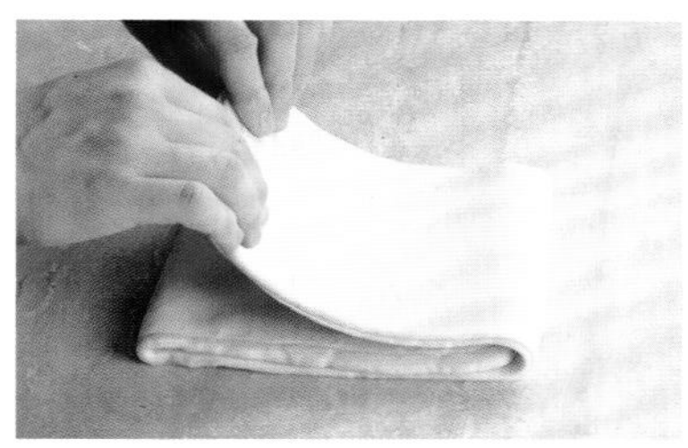

20 将上部面片向下折叠三分之一，放入冰箱冷藏1小时。

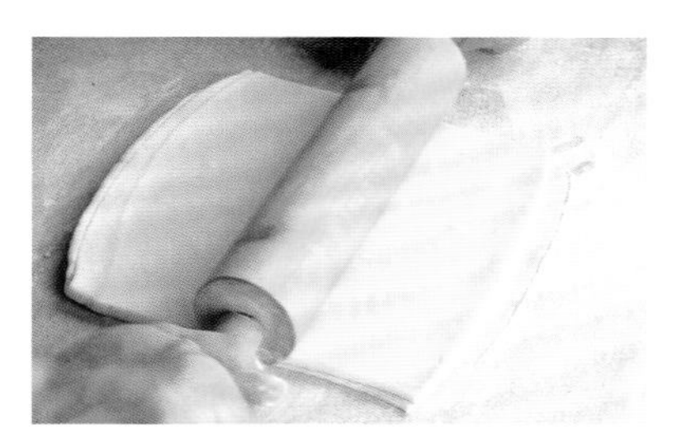

21 面坯充分醒好后，均匀地切成2块，再擀成厚三四毫米，长16厘米的长方形。

(…)

丹麦面包
Danish

- 将面片纵向切成均匀的2片边长为8厘米的面片（图22）。
- 再用锋利的刀将2片面片一起横向切成8厘米宽的正方形面片（图23）。
- 然后，用汤匙将馅心舀成大球状，放在每块正方形面片的中央（图24）。
- 将正方形面片的一个角折向中央馅心（图25），再将对角也折向中央馅心（图26），再将剩余的两个对角同样折向中央馅心，同时用手指向下轻按（图27）。
- 这样就做成了四角敞开的方形面包坯（图28）。

- 摆放在铺有油纸的烤盘上，同时注意每个面包坯之间留出一定的距离。常温下醒2小时。

- 将细砂糖放入锅中，加热，变为焦糖时，加入黄油。
- 再放入去皮、去核苹果块和覆盆子（图29）。加入2汤匙水，小火煮三四分钟，直到苹果变成红色（图30）。
- 离火，常温下保存待用。

- 制作糖浆：将50克细砂糖与水混合，煮开即可。

- 面坯醒至最后20分钟时，将烤箱预热至180℃。
- 准备上色原料：混合鸡蛋和蛋黄，搅打均匀。用刷子蘸上蛋液，轻轻刷在丹麦面包面坯表面（图31）。
- 将做好的苹果块分别放在每块面坯中央（图32），放入烤箱，烤12～15分钟。
- 烤好后，从烤箱取出，在每个丹麦面包表面刷一层糖浆（图33）。

- 建议：可以提前制作面坯，冷冻至制作时取出。馅心还可以用水果干、桃子或其他自己喜欢的水果。

22 将面片纵向切成均匀的2片。

23 将2片面片一起横向切成边长8厘米的正方形面片。

24 将馅心舀成大球状，放在每个正方形面片的中央。

25 将正方形面片的一个角折向中央馅心。

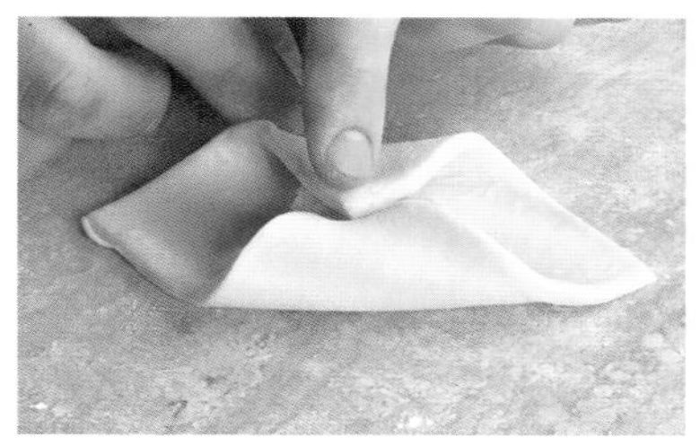

26 再将对角也折向中央馅心。

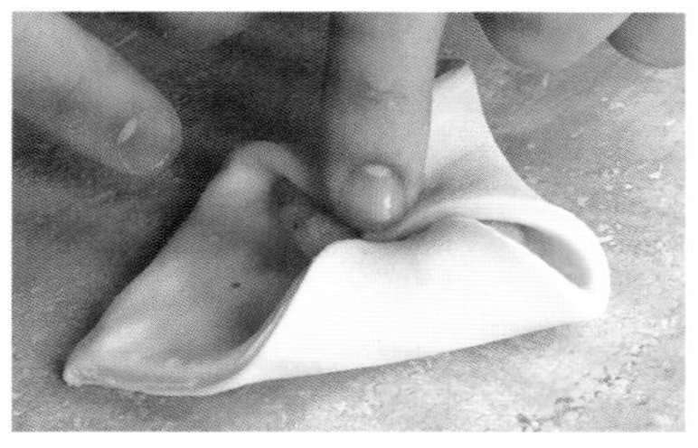

27 然后将剩余的两个对角同样折向中央馅心，同时用手指向下轻按。

28 这样就做成了四角敞开的方形面包坯。之后摆放在铺有油纸的烤盘上，常温下醒2小时。

29 将细砂糖放入锅中，加热。变为焦糖时，加入黄油、苹果块和覆盆子。

30 然后加入2汤匙水，小火煮几分钟。

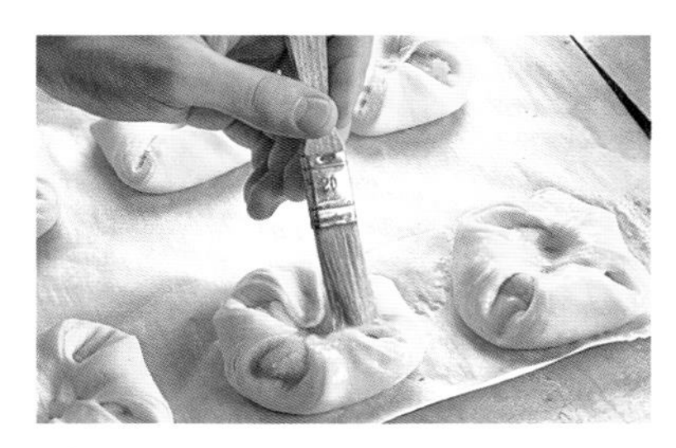

31 丹麦面包面坯醒好后，将蛋液刷在表面。

32 将煮好的苹果块分别放在每个丹麦面包面坯中央。

33 丹麦面包烤好后，从烤箱取出。在每个丹麦面包表面刷一层糖浆，使表面光鲜明亮。

课程27 葡萄干核桃丹麦面包

Escargots aux raisins et noix

- 按照第1～20步骤（无需制作杏仁馅心）做出丹麦面包面坯（第114页），放入冰箱冷藏，醒1小时。
- 在此期间制作牛奶蛋黄酱（按照第158页的第1～3步制作），然后放入冰箱，冷藏待用。

- 取出丹麦面包面坯，放在撒有薄面的案板上（图1），擀成厚约4毫米的长方形薄片（图2）。
- 用勺子将牛奶蛋黄酱摊在面坯表面（图3），用抹刀抹平（图4），注意在面坯一侧长边、距离边缘1.5厘米处不要抹牛奶蛋黄酱（图5）。
- 将黑色葡萄干、金色葡萄干以及核桃仁碎混合均匀，撒在牛奶蛋黄酱上（图6）。
- 可以用擀面杖轻擀来固定干果馅料（图7）。
- 将刷子蘸上水，轻轻刷在面坯长边没有馅心的地方（图8），以便粘住封口。

(…)

原料

12～15个葡萄干核桃丹麦面包

准备时间：25分钟+制作丹麦面包面坯时间
醒面坯时间：1小时30分钟
葡萄干核桃丹麦面包面坯醒发时间：2小时30分钟
制作时间：12～15分钟

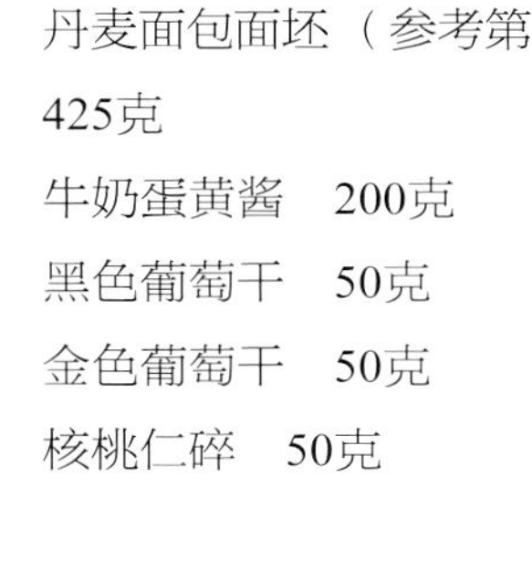

丹麦面包面坯（参考第114页） 425克
牛奶蛋黄酱　200克
黑色葡萄干　50克
金色葡萄干　50克
核桃仁碎　50克

上色及最后工序所需原料
细砂糖　50克
水　50毫升
橙花水　1汤匙
鸡蛋　1个
蛋黄　1个

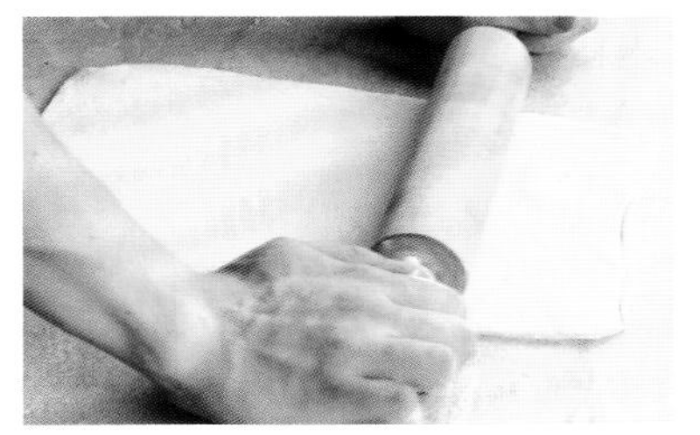

1　将丹麦面包面坯在撒有薄面的案板上擀开。

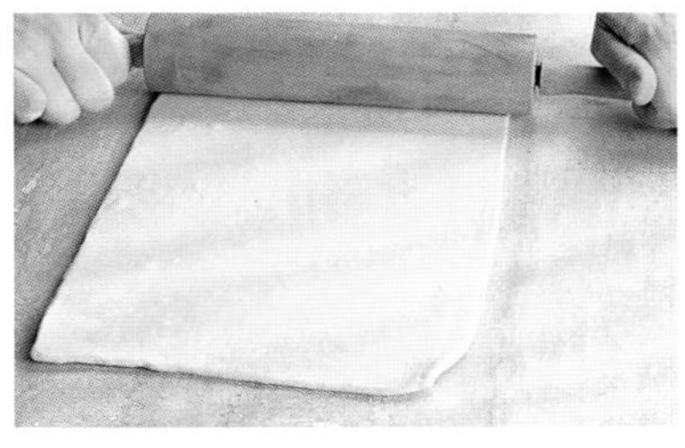

2　需要擀成厚约4毫米的长方形薄片。

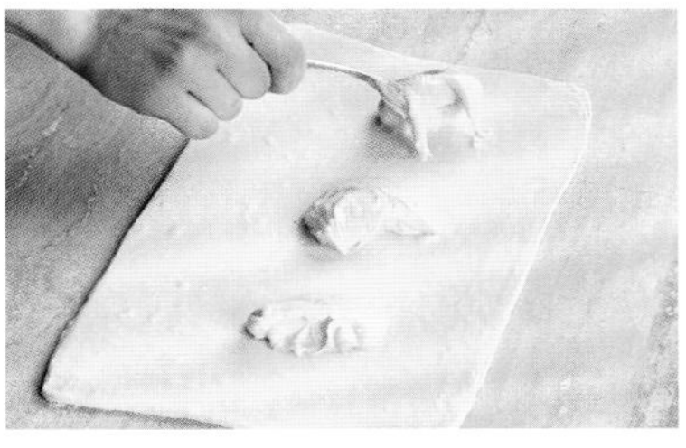

3　用勺子将牛奶蛋黄酱摊在面坯表面。

4　用抹刀抹平。

5　注意留出面坯一侧长边，距离边缘1.5厘米处不要抹牛奶蛋黄酱。

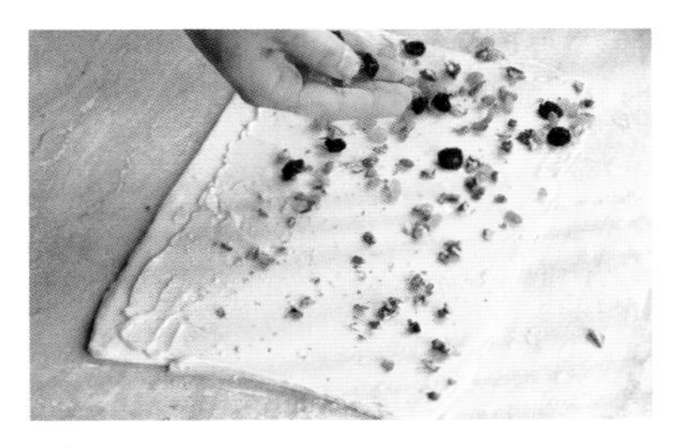

6　将黑色葡萄干、金色葡萄干以及核桃仁碎混合均匀，撒在牛奶蛋黄酱上。

7　可以用擀面杖轻擀以固定干果馅料。

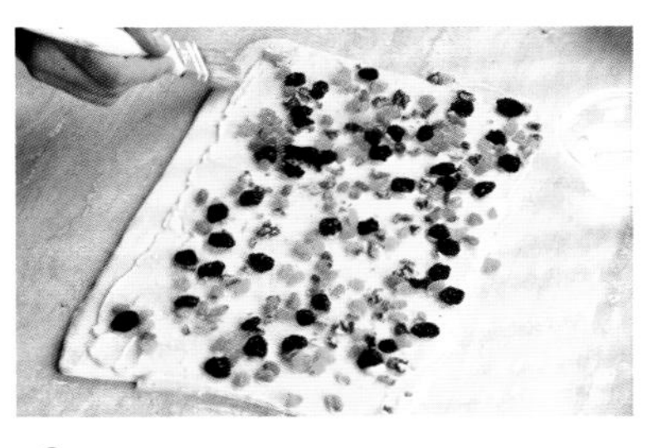

8　将刷子蘸上水，轻刷面坯一侧长边没有涂抹馅心的地方，以便粘住封口。

（…）

葡萄干核桃丹麦面包

Escargots aux raisins et noix

- 将抹有馅料的长边处，向内卷1厘米，作为面包卷的中心（图9和图10）。
- 朝自己的方向卷起面坯（图11），尽量卷紧（图12）。卷到刷过水的面坯边缘时，将口粘紧（图13）。
- 将卷好的面坯卷放在案板上，放入冰箱冷冻30分钟，略微变硬即可。
- 用锯齿刀（图14）将面坯卷切成2厘米宽的块（图15）。
- 放在铺有油纸的烤盘上，之间留出一定的距离，如果烤盘地方不够，可以再用另外一个烤盘盛装。
- 表面盖上保鲜膜，常温下醒2小时30分钟。
- 在此期间，制作糖浆：将细砂糖和水放入锅中，中火煮开即可。
- 放凉后，加入橙花水。

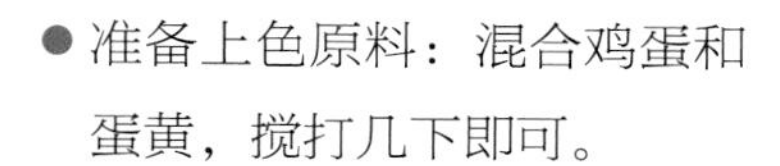

- 准备上色原料：混合鸡蛋和蛋黄，搅打几下即可。
- 面坯醒至最后20分钟时，将烤箱预热至180℃。
- 面坯充分醒好后（图16），封口处可能会张开，需要将开口处的面头压在面坯底部（图17）。用刷子蘸上蛋液，刷在面坯表面（图18），放入烤箱，烤12～15分钟。
- 葡萄干核桃丹麦面包烤好后，从烤箱取出，在表面刷上糖浆（图19）。
- 放凉后即可享用。
- 建议：严格按照所需的面包数量制作，切成块的面坯卷只能冷冻一次。醒发前，要从冰箱取出放置足够长的时间。

9 从抹有馅料的面坯长边处，将坯向内卷。

10 卷好后作为整个面包卷的中心。

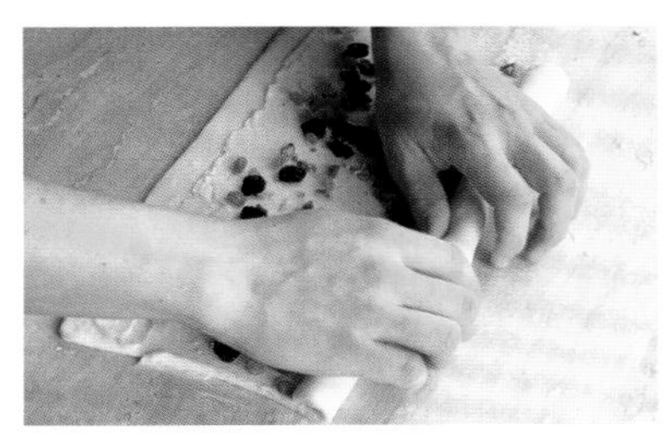

11 然后开始朝自己的方向慢慢地卷面坯。

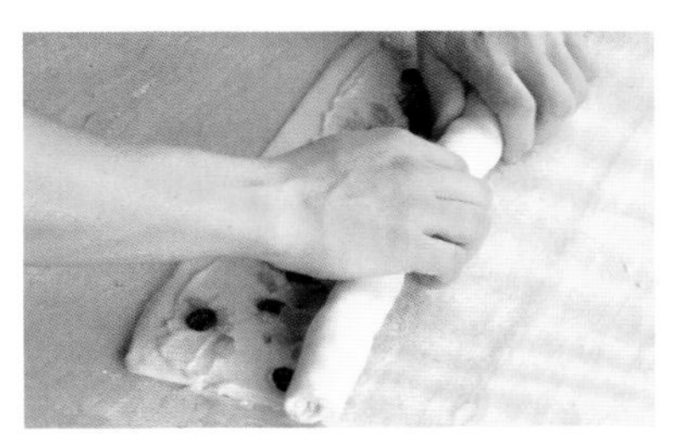

12 尽量卷紧。

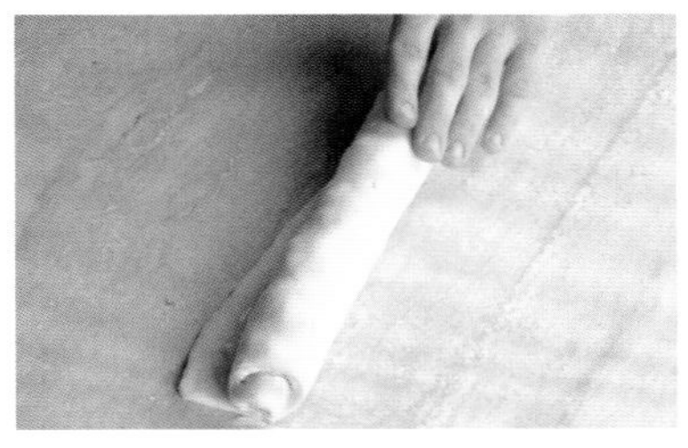

13 卷到刷过水的面坯边缘时，将口粘紧。放入冰箱冷冻30分钟。

14 用锯齿刀切面坯卷。

15 将面坯卷切成2厘米宽的块，放在铺有油纸的烤盘上，表面盖上保鲜膜，常温下醒发2小时30分钟。

16 面坯充分醒好后，封口处可能会张开。

17 将开口处的面头压到面坯底部。

18 在表面刷上蛋液。放入预热至180℃的烤箱，烤12 ~ 15分钟。

19 葡萄干核桃丹麦面包烤好后，从烤箱取出，在表面刷上糖浆，放凉即可。

课程28 汉堡牛奶面包
Pain au lait hamburger

- 将酵母放入容器内，加入牛奶（图1），用铲子搅拌，让酵母溶解。
- 倒入面粉，加入细砂糖、盐（图2）和鸡蛋（图3）。
- 用铲子搅拌一两分钟（图4），逐渐和成紧实的面团（图5和图6）。
- 将黄油加入面团中（图7），用手搓揉到面团里（图8）。
- 继续用手或铲子用力搅拌五六分钟（图9）。

(…)

原料

20个汉堡牛奶面包或500克面团

准备时间：30分钟
醒面团时间：3小时
面团放置时间：2小时
制作时间：8～10分钟

酵母　10克
牛奶　115克
45号面粉　250克
细砂糖　30克
盐　1咖啡匙
鸡蛋　1个
黄油（常温）115克

上色及最后工序所需原料
鸡蛋　1个
蛋黄　1个
盐　1捏
芝麻　20克
鲜覆盆子　1小盒
草莓　10个
红色果酱　1汤匙

1 将酵母放入容器内，再加入牛奶，搅拌均匀。

2 倒入面粉、细砂糖和盐。

3 然后加入鸡蛋。

4 用铲子搅拌。

5 直到和成紧实的面团。

6 这是和好的面团。

7 在面团中加入黄油。

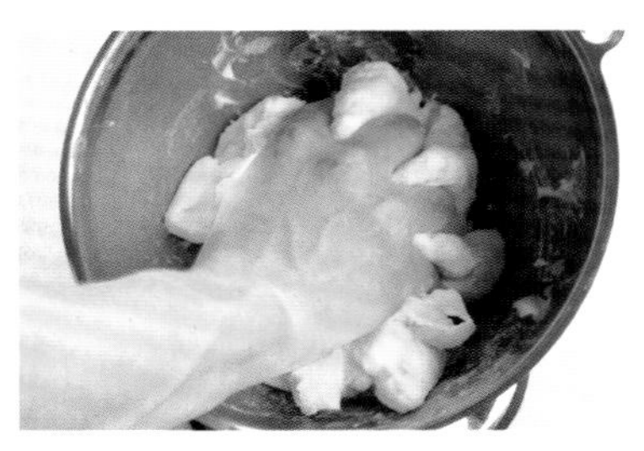

8 用手将黄油搓揉到面团里。

9 继续用手使劲搓揉面团五六分钟，直到面团不粘容器内壁为止。

(…)

汉堡牛奶面包
Pain au lait hamburger

- 和好的面团表面光滑且均匀，不粘容器内壁（图10）。
- 将面团放在容器内（图11），常温（理想温度为25℃）醒1小时。
- 待面团体积膨胀至之前的2倍时，放在撒有薄面的案板上（图12）。用双手将面团按扁，排出部分气体（图13）。
- 将面团按压成长方形，用保鲜膜包好，放入冰箱冷藏2小时。
- 面团醒好后，放在撒有薄面的案板上（图14），擀成1厘米厚的面片。
- 用直径为6厘米的圆形戳模（也可以用玻璃杯和小尖刀），在长方形面片上割出多个圆形小面片（图15）。将这些圆形小面片摆放在铺有油纸的烤盘上（图16），表面盖上保鲜膜，避免变干。常温下醒2小时。
- 在圆形小面片醒至最后20分钟时，开启烤箱，预热至180℃。
- 混合鸡蛋、蛋黄和1捏盐，用餐叉搅打至均匀。待圆形小面片充分醒发后，在表面刷上蛋液（图17），之后撒上芝麻（图18）。
- 放入烤箱，烤8～10分钟。烤好后，将汉堡牛奶面包放在不锈钢箅子上冷却（图19）。

- 最后工序：现在可以直接享用，或者待面包完全变凉后横向片成两半，中间抹上红色果酱，再放些切好的草莓和覆盆子，就像做汉堡包一样。

- 建议：可以制作较大的汉堡牛奶面包，用来做汉堡包，擀开的面片厚度为2厘米。
- 即便用的是多功能搅拌机和面，仍然也要按照上述步骤操作。
- 如果圆形小面片醒发的程度不够，可以将面团做成小球形，醒2小时，再放入预热至180℃的烤箱，烤10～15分钟。

10 和好的面团表面光滑，均匀有韧性。

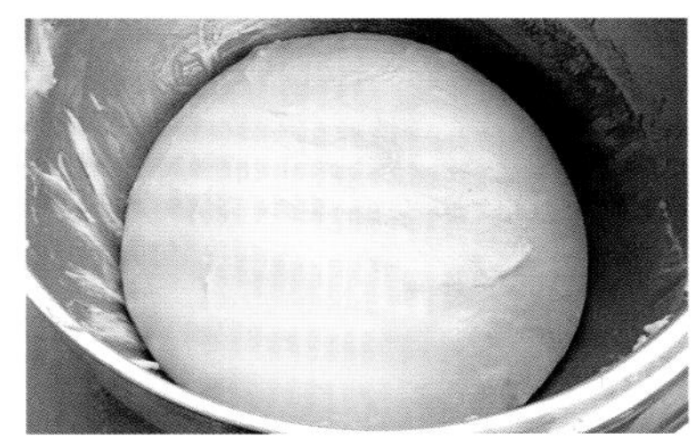

11 常温下醒1小时。

12 待面团体积膨胀至之前的2倍时，放在撒有薄面的案板上。

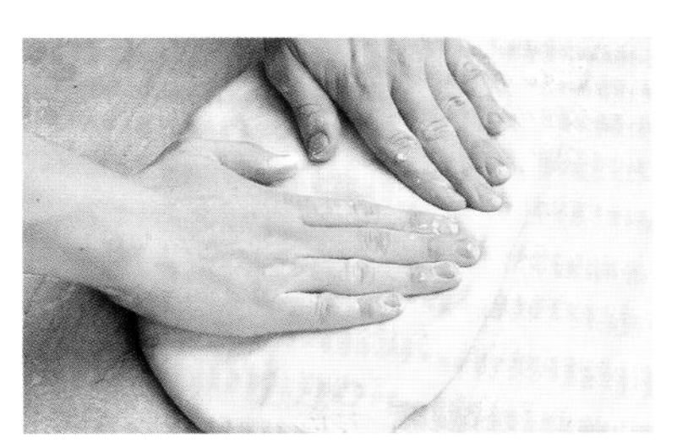

13 用双手将面团按扁，排出部分气体。将面团按压成长方形，用保鲜膜包好，放入冰箱冷藏2小时。

14 面团醒好后，放在撒有薄面的案板上，擀成厚约1厘米厚的面片。

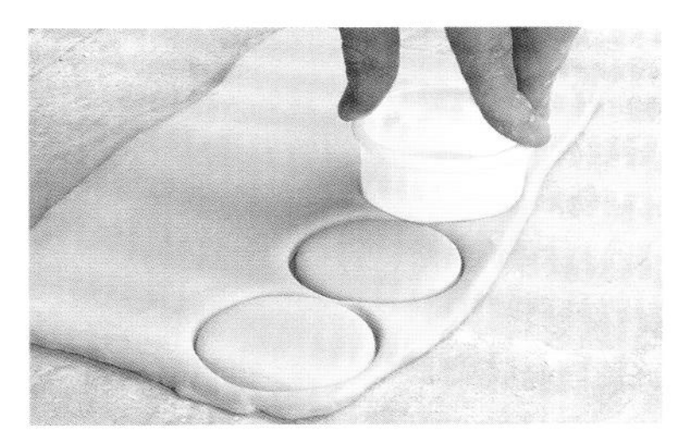

15 圆形戳模在长方形面片上割出多个直径为6厘米的圆形小面片。

16 将这些圆形小面片摆放在铺有油纸的烤盘上，常温下醒2小时。

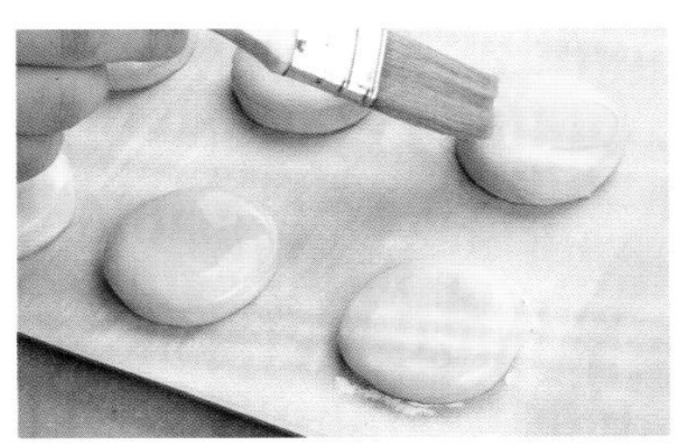

17 待圆形小面片充分醒发后，在表面刷上蛋液（鸡蛋、蛋黄、盐）。

18 撒上芝麻。

19 这是做好的汉堡牛奶面包面坯。放入预热至180℃的烤箱，烤8~10分钟。烤好后，在里面夹上红色浆果即可。

课程29 梭子牛奶面包

Pain au lait navettes

- 按照第1～11步骤制作牛奶面包面团（第124页），常温下放置1小时。
- 之后将面团放在撒有薄面的案板上，用双手按成长方形。
- 用保鲜膜包好，放入冰箱冷藏1小时。
- 牛奶面包面团变硬后，平均切成8块（图1），每块小长方形面团约为30克。再次放入冰箱冷藏10分钟。
- 操作时，先从冰箱取一块面团，完成后再取另一块。
- 将一小块长方形面团放在薄面里，轻轻按扁（图2）。将长边折向中央（图3），同样地，再将另一条长边也折向中央（图4）。
- 将折好的2条长边对折叠封口，做成表面光滑的圆柱状（图5）。
- 放入冰箱冷藏。按照此方法，依次将冰箱内剩余的7块面团逐个做成圆柱状。
- 当8块长方形小面团都做好后，从冰箱拿出第一块圆柱状面团放在案板上（图6），搓成8～10厘米长（图7）。
- 将搓长的面团放在铺有油纸的烤盘上，注意接缝处向下。按照此方法制作剩余的圆柱状面团，摆放时留出足够的距离。
- 盖上保鲜膜，避免变干，大约醒2小时30分钟。
- 圆柱面坯醒至最后20分钟时，开启烤箱，预热至180℃。准备上色原料：混合鸡蛋和蛋黄，搅打均匀。
- 用刷子蘸上蛋液，轻轻刷在圆柱面坯的表面（图8）。
- 当然，如果愿意，还可以将剪刀蘸上冷水（图9）（这样不会粘黏剪刀），在面坯表面剪出小尖（图10）。
- 放入烤箱，烤8分钟，随时观察烤箱内的情况。
- 将烤好的梭子牛奶面包从烤箱取出，放凉后即可直接或夹馅享用。

- 建议：这个食谱中使用了250克牛奶面包面团。可以制作500克牛奶面包面团，将另一半用来制作汉堡牛奶面包或者三角干果面包（参考第140页）。

原料

10几个梭子牛奶面包

准备时间：20分钟+牛奶面包面团制作时间

放置时间：30分钟+面团放置时间

醒面团时间：2小时30分钟

制作时间：8分钟

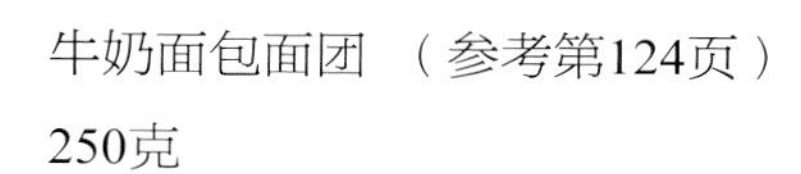

牛奶面包面团 （参考第124页）250克

上色原料

鸡蛋　1个

蛋黄　1个

1 将做好的牛奶面包面团放入冰箱冷藏，之后平均切成8块，每块长方形小面团约为30克。再放入冰箱冷藏10分钟。

2 操作时，先从冰箱取出一块面团，做完后再取另一块。将一块长方形小面团放在薄面里，轻轻按扁。

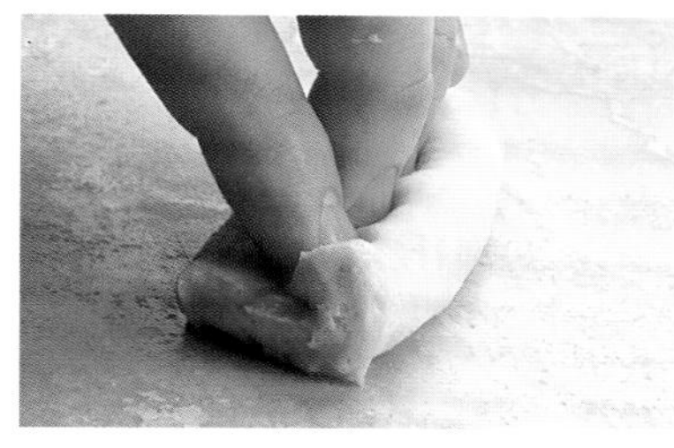

3 将长边折向中央。

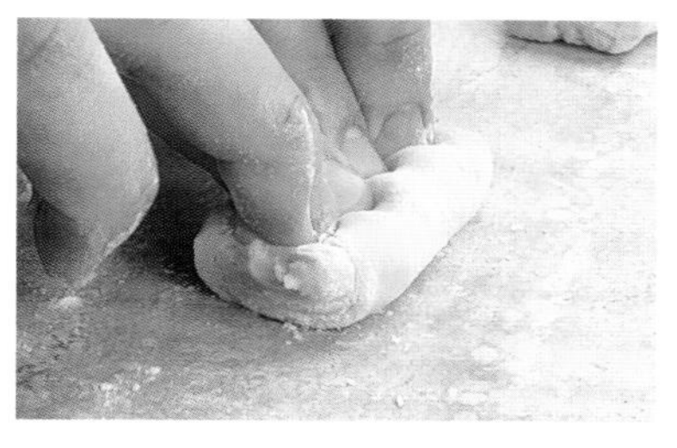

4 同样地，再将另一条长边也折向中央。

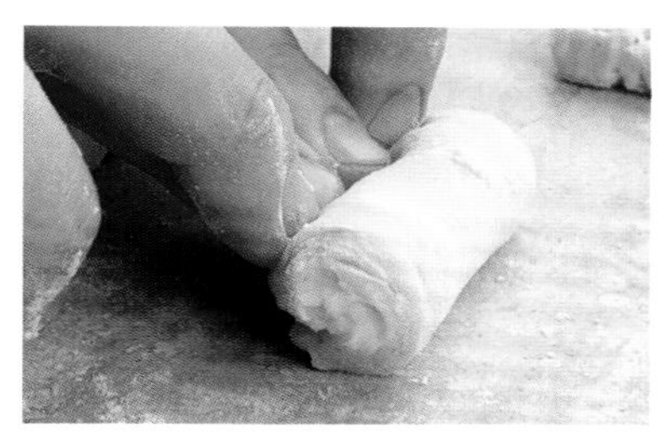

5 将折好的2个长边对折封口，做成表面光滑的圆柱状，然后放入冰箱冷藏。按照此方法，依次将冰箱内剩余的7块面团逐个制作成圆柱状。

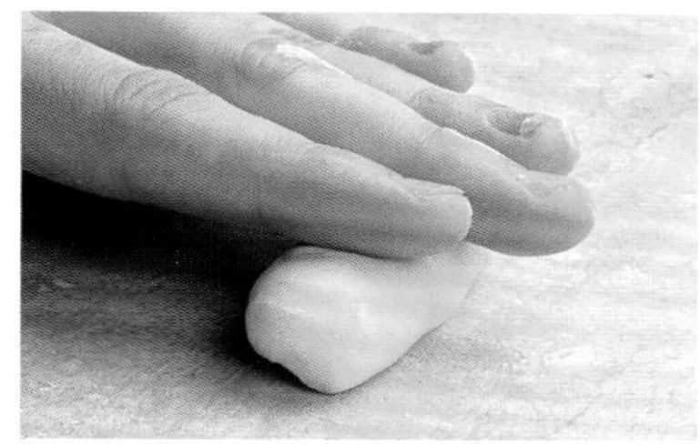

6 从冰箱取出第一块圆柱状面团放在案板上，用手指搓成条。

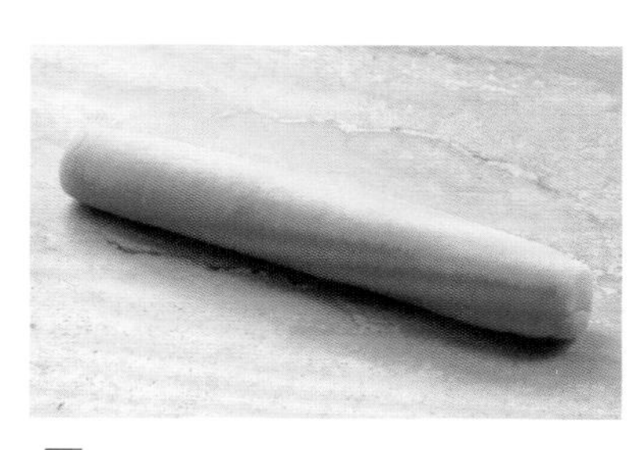

7 搓成8~10厘米长，放在铺有油纸的烤盘上，盖上保鲜膜，大约醒2小时30分钟。

8 圆柱面坯醒好后，在表面刷一层蛋液。

9 将剪刀尖蘸冷水。

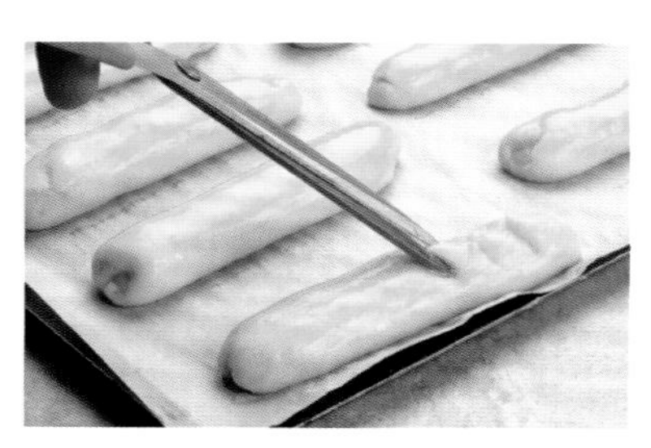

10 在面坯表面剪出小尖。放入预热至180℃的烤箱，烤8分钟。

课程30 库格洛夫葡萄干面包
Kouglof sucré aux raisins

- 将葡萄干放入容器内，加入棕色朗姆酒（图1），常温下浸泡。在此期间制作库格洛夫面包面团。

- 制作面肥：将鲜酵母和常温水倒入搅拌钢桶内（图2），再加入50克面粉，用铲子搅拌（图3），逐渐和成紧实的面团（图4）。
- 将225克面粉倒在面肥上（图5），之后放在较热的地方，醒30分钟。
- 在此期间，用刷子将化黄油在模具内壁上薄薄地刷一层（图6）。
- 将杏仁片倒入模具底部（图7），转动模具，倒出多余的杏仁片。

- 面肥充分醒好后（图8），加入鸡蛋、常温牛奶、细砂糖、盐和软黄油，放入搅拌机内搅拌（图9）。

(…)

原料

2个直径12厘米的库格洛夫葡萄干面包或者600克库格洛夫面包面团

准备时间：30分钟
醒面团时间：三四小时
制作时间：20～25分钟

馅心原料
葡萄干　50克
棕色朗姆酒　1汤匙

基础面肥原料
鲜酵母　10克
常温水　35毫升
45号面粉　50克

库格洛夫面包面团原料
45号面粉　225克
鸡蛋　1个（50克）
常温牛奶　125克
细砂糖　40克
盐　1咖啡匙
软黄油　65克

最后工序所需原料
化黄油（用于模具）25克
杏仁片　50克
糖粉（最后使用）50克

1 将棕色朗姆酒倒入葡萄干中，浸泡。

2 将鲜酵母和常温水倒入搅拌钢桶内。

3 加入50克面粉，用铲子搅拌。

4 和成紧实的面团。

5 将225克面粉倒在面肥上，之后醒发。

6 在此期间，在模具内壁刷上薄薄一层化黄油。

7 将杏仁片倒入模具底部，转动模具，倒出多余的杏仁片。

8 面肥充分醒发后，表面的干面粉会膨胀并裂开。

9 这时加入鸡蛋、常温牛奶、细砂糖、盐和软黄油，放入搅拌机搅拌。

(…)

库格洛夫葡萄干面包
Kouglof sucré aux raisins

- 大约搅拌10分钟（图10），直到面团表面光滑有韧性且不粘黏钢桶内壁。将搅拌机调至快速模式继续搅拌二三分钟。
- 在和好的面团内加入沥干朗姆酒的葡萄干（图11），继续搅拌至葡萄干均匀地混合在面团中。
- 此时的库格洛夫面包面团应该柔软有韧性，且不粘手（图12）。

- 将面团放在暖和的地方（如暖气边）醒1小时30分钟，直到面团的体积膨胀至先前的2倍（图13）。
- 将面团倒在撒有薄面的案板上（图14）。

- 平均分成2块。用手指逐渐搓揉成球形（图15）即可，尽量避免搓揉过多。

- 将2个库格洛夫面包面团分别放在2个库格洛夫面包模具中（图16），轻轻按压（图17），放在暖和的地方再醒约2小时。

- 在库格洛夫面包面坯醒至最后30分钟时，开启烤箱，预热至170℃。
- 库格洛夫面包面坯充分醒好后（图18），放入烤箱，大约烤20分钟。
- 烤好后，从烤箱取出，完全放凉后，在表面轻轻撒一层糖粉即可。

- 建议：如果想制作迷你库格洛夫面包，可以在面坯表面刷上化黄油，放在混合好的糖粉和桂皮粉里，裹匀即可。

10 慢速搅拌约10分钟，再将搅拌机调至快速模式继续搅拌二三钟，直到面团不粘黏钢桶内壁。

11 面团表面光滑有韧性时，即可加入沥干朗姆酒的葡萄干。

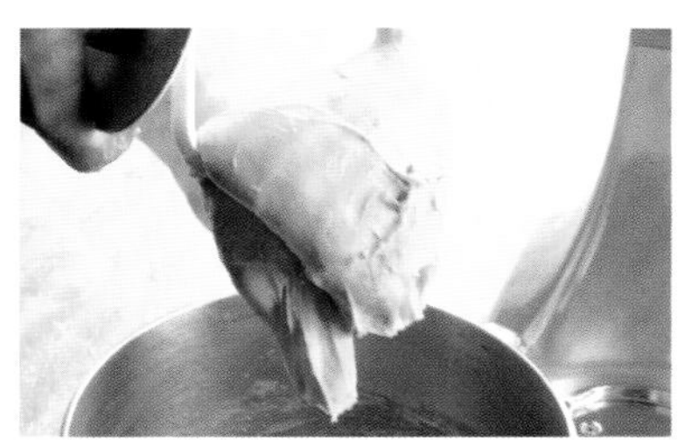

12 继续搅拌，这是和好的面团。放在暖和的地方，醒1小时30分钟。

13 直到面团的体积膨胀至先前的2倍。

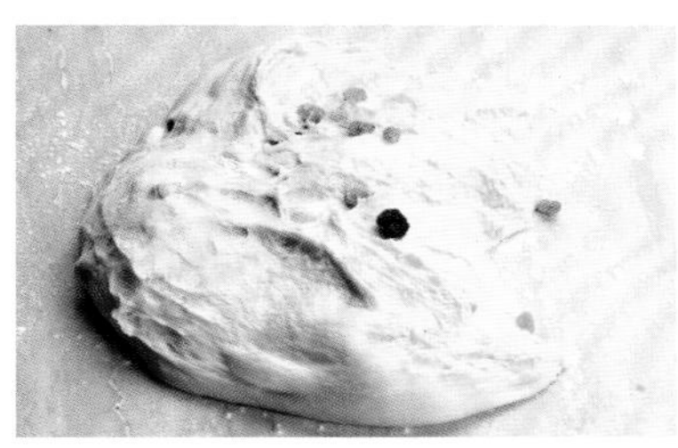

14 将面团倒在撒有薄面的案板上，平均匀分成2块。

15 用手指逐渐搓揉成球形即可，尽量避免搓揉过度。

16 将2个库格洛夫面包面团分别放在2个库格洛夫面包模具中。

17 轻轻按压，放在暖和的地方再醒约2小时。

18 这是醒好的库格洛夫面包面坯。放入预热至170℃的烤箱，烤20～25分钟。

课程31 大头黄油面包 Brioche à tête

- 将面粉、细砂糖、盐和鲜酵母放入搅拌机钢桶内（图1），注意不要让鲜酵母碰到盐和细砂糖。
- 加入3个鸡蛋（图2），慢速搅拌二三分钟，直到和成黏稠的面团。
- 加入软黄油块（图3），继续搅拌（图4）。加快速度，中速搅拌。
- 搅拌5～10分钟直到面团变硬，并且具有韧性（图5）。
- 不粘黏搅拌钢桶内壁，用手可以拿起整个面团时，面团就和好了（图6）。
- 用布盖住搅拌钢桶内的面团，常温下醒1个小时。
- 面团醒发至之前体积的2倍时，放在撒有薄面的案板上，搓揉成长圆形（图7）。
- 放入冰箱冷藏2小时，直到变硬。
- 面团完全冷却后，分成若干30～40克的面团（图8）。

（…）

原料

600克黄油面包面团或20个大头黄油面包

准备时间：35分钟
醒面团时间：3小时30分钟
面团放置时间：2小时
制作时间：10～12分钟

45号面粉或精白面粉　250克
细砂糖　30克
盐　1咖啡匙
鲜酵母　10克
鸡蛋3个（150克）
软黄油（常温）165克

上色原料
蛋黄　2个

薄面（擀面用）50克

1　将面粉、细砂糖、盐和鲜酵母放入搅拌机钢桶内。

2　加入3个鸡蛋，慢速搅拌。

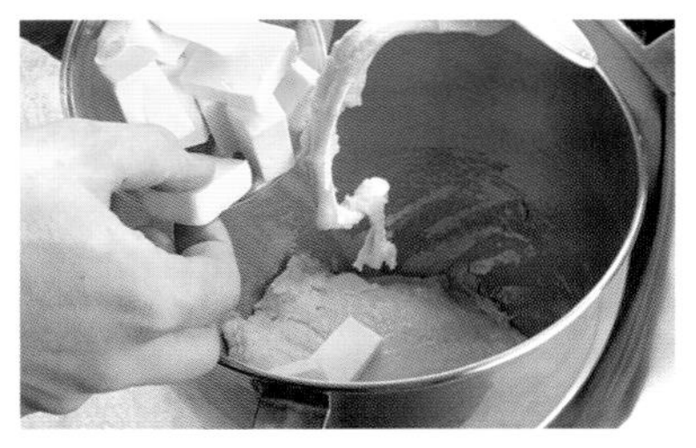

3　直到和成黏稠的面团，之后加入软黄油块。

4　中速搅拌。

5　直到面团表面光滑且具有韧性。

6　当可以用手拿起整个面团而不破散时，面团就和好了。用布盖住搅拌钢桶内的面团，常温下醒1个小时。

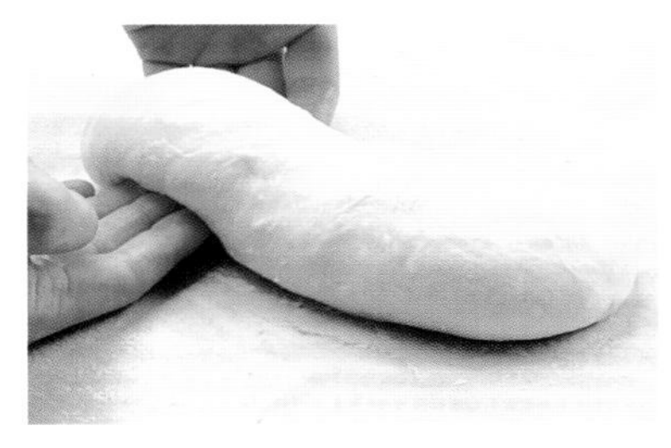

7　将醒好的面团放在撒有薄面的案板上，搓揉成长圆形。然后放入冰箱，至少冷藏2小时。

8　面团完全冷却后，分成若干30～40克的面团。

(…)

大头黄油面包
Brioche à tête

- 用手掌将案板上的每个小面团按扁（图9），再转动手，让面团在手掌内滚成球状（图10），每做好一个小面团就放入冰箱冷藏。
- 再从冰箱拿出第一个小面团，在案板上搓揉成长圆状（图11）。
- 用手掌侧面压在长圆形面团三分之二处，来回搓揉（图12），直到成为圆头状（图13）。
- 用刷子蘸些软黄油，刷在黄油面包模具的内侧。
- 用手捏住面坯的头部，放在模具里（图14）。
- 用食指蘸些面粉，呈钩子的形状插入并下压面坯圆头与下部面坯之间，将两部分分开，形成两个摞在一起的小球（图15）。食指要压至模具底部，使圆头和下部面坯就不会粘在一起了（图16）。做好后的大头黄油面包面坯的圆头和下部面坯清晰分明（图17）。

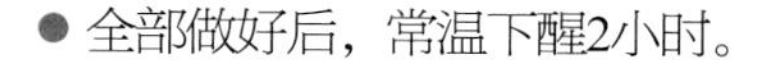

- 全部做好后，常温下醒2小时。
- 在大头黄油面包面坯醒至最后20分钟时，开启烤箱，预热至180℃。
- 将蛋黄搅打均匀，用于上色。
- 当大头黄油面包面坯充分醒发至之前体积的2倍时（图18），即可在表面刷上蛋液（图19）。
- 放入烤箱，烤10～12分钟。
- 烤好后，变温后再脱模。

- 建议：此食谱中的第1～7步骤制作的黄油面包面团，也适用于之后其他的一些面包食谱。

9 用手掌将案板上的每个小面团按扁。

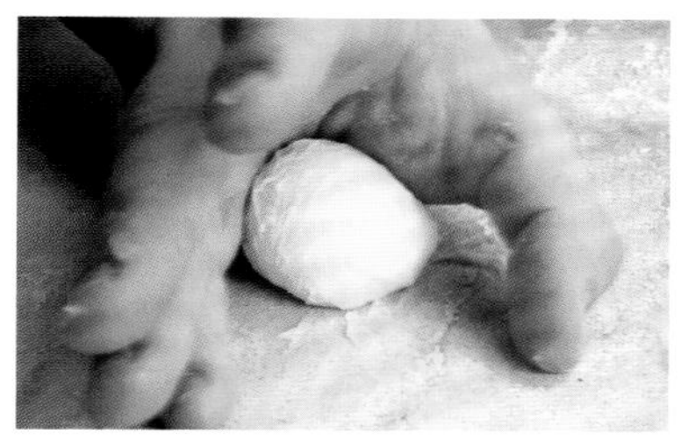

10 转动手，让面团在手掌内滚动，做成球状。每做好一个小面团就放入冰箱冷藏。

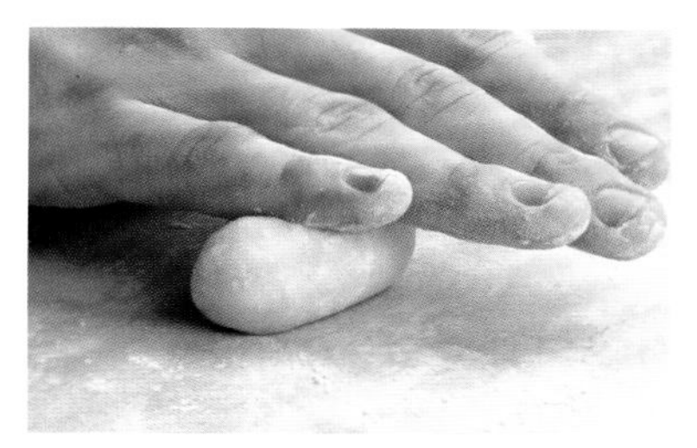

11 从冰箱内拿出第一个小面团，在案板上搓揉成长圆状。

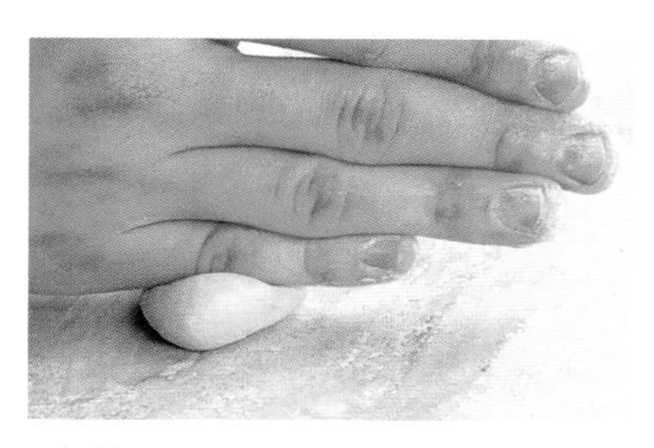

12 将手掌侧面压在长圆状面团三分之二处，来回搓揉，直到出现圆头的形状。

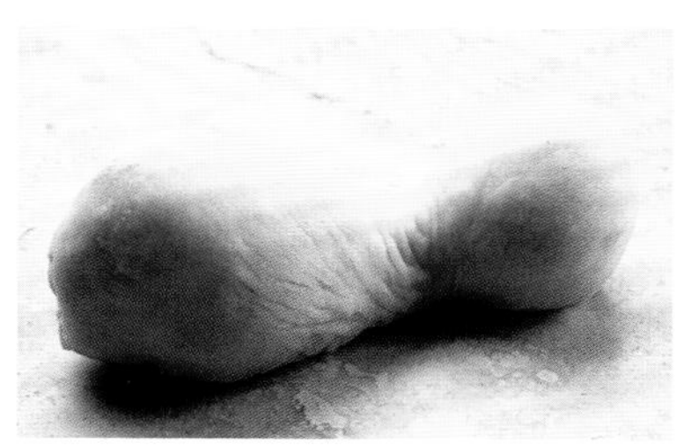

13 这是做好的样子。

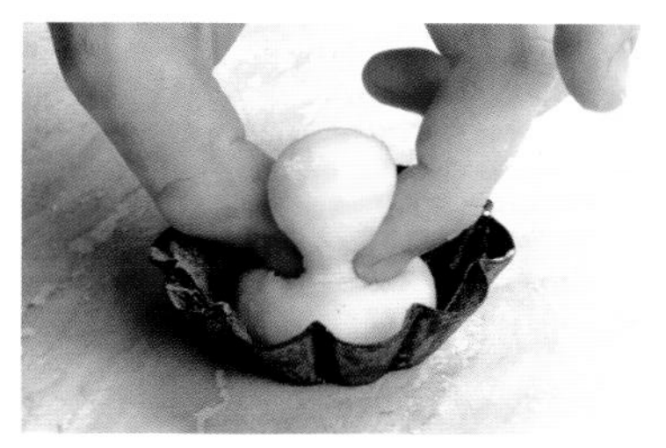

14 用手捏住面坯的圆头，放在抹有黄油的模具里。

15 用食指蘸些面粉，呈钩子的形状插入并下压面坯圆头与下部面坯之间，将上下分开形成两个摞在一起的小球。

16 食指要压至模具底部并转一圈，这样圆头和下部的面坯就不会粘在一起了。

17 这是做好的样子，常温下醒2小时。

18 这是醒发好的大头黄油面包面坯。

19 在大头黄油面包面坯表面轻刷一层蛋液，放入预热至180℃的烤箱，烤10～12分钟。

课程32 蜂巢黄油面包

Brioche nid d'abeille

- 按照第1～7步骤制作黄油面包面团（参考第134页）。将黄油面团放入冰箱冷藏直到变硬，以便擀开。如果面团过热，则可以先冷冻10分钟。
- 从冰箱取出面团，放在撒有薄面的案板上擀成片（图1），也可以将面团放在油纸上擀成片，这样会容易些。
- 将面片擀成厚约6毫米的片后再割成圆片：可以用直径22厘米（图2）的钢圈切割面片，或者在面片上放一只盘子再用刀绕盘边将面片割成圆片；还可以使用直径为8毫米的戳模或茶杯将面片割成圆形（图3）。
- 将割好的圆形面片放在铺有油纸的烤盘上，表面封好保鲜膜，常温下醒约2小时。

- 在圆形面坯醒至最后20分钟时，制作馅心。
- 将蜂蜜和细砂糖放入锅中，中火加热。再加入橙皮细末（图4）和黄油（图5），用铲子搅拌均匀，煮开10秒（图6）。
- 最后加入杏仁片（图7），搅拌至完全包裹上糖浆。
- 离火后，常温下放凉。

- 将烤箱预热至180℃。
- 将用于上色的鸡蛋与蛋黄混合，轻轻搅打均匀。
- 圆形面坯充分醒好后，在表面刷上蛋液（图8）。
- 将做好的杏仁馅心放在圆形面坯上：在圆形小面坯上放一勺馅心（图9）；在圆形大面坯上铺一层馅心（图10）。
- 放入烤箱，小圆形面坯烤10分钟，大圆形面坯烤15分钟。
- 蜂巢黄油面包边缘和底部完全上色后即可。
- 放凉后方可享用。

原料

2个直径22厘米的大蜂巢黄油面包或者12个小蜂巢黄油面包

准备时间：15分钟+制作黄油面包面团时间

醒面坯时间：2小时

制作时间：10~15分钟

黄油面包面团（参考第134页）600克

馅心原料

蜂蜜 100克

细砂糖 100克

橙子 1个

黄油 100克

杏仁片 100克

上色原料

鸡蛋 1个

蛋黄 1个

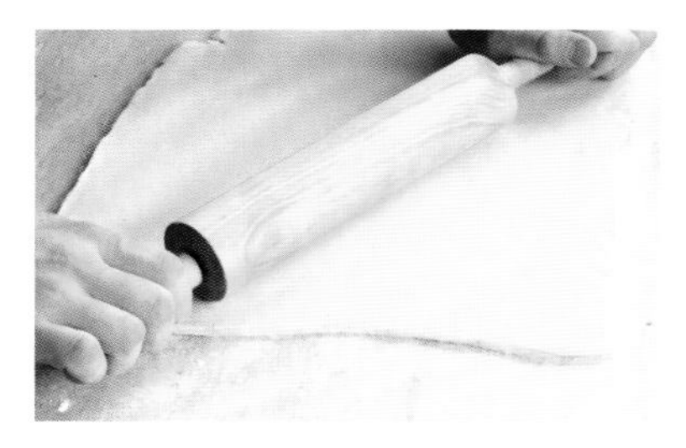

1 将黄油面团放入冰箱冷藏至变硬，然后放在撒有薄面的案板上擀成厚约6毫米的片。

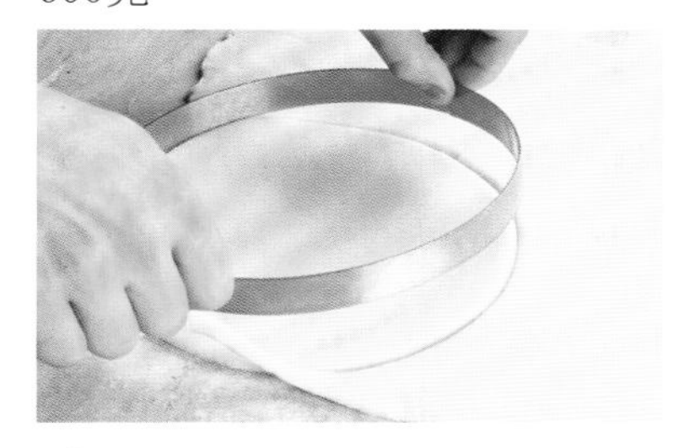

2 使用直径22厘米的钢圈切割面片，制作大个的蜂巢黄油面包。

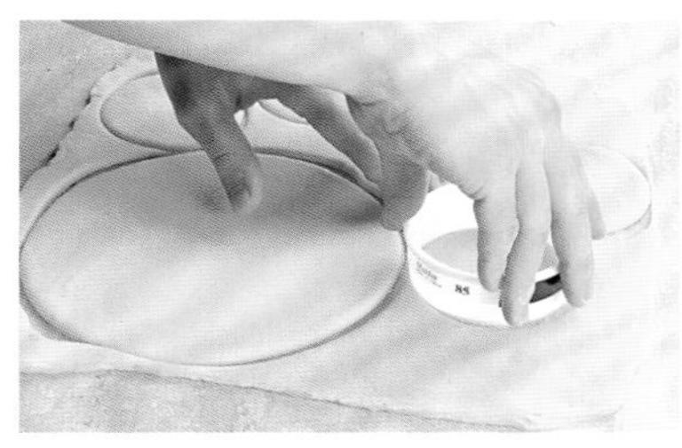

3 或者制作直径为8厘米的圆形面片，做成小个的蜂巢黄油面包。将割好的圆形面片放在铺有油纸的烤盘上，常温下醒约2小时。

4 在圆形面坯醒至最后20分钟时，将蜂蜜、细砂糖和橙皮细末放入锅中，中火加热。

5 再加入黄油，同时搅拌。

6 煮开10秒钟。

7 变温后加入杏仁片。

8 混合鸡蛋与蛋黄并搅拌，刷在圆形面坯表面。

9 将一小勺杏仁馅心放在圆形小面坯上。

10 将一层薄薄的馅心铺在圆形大面坯上。放入预热至180℃的烤箱，根据面坯大小的不同分别烤10~15分钟。烤好的蜂巢黄油面包放凉后即可享用。

课程33 三角干果面包
Triangles aux fruits secs

- 按照第1～14步骤制作牛奶面包面团（参考第124页），然后用棉布盖住，常温下醒1小时。
- 醒发后，放在撒有薄面的案板上，用双手拍扁，再用保鲜膜封好，放入冰箱至少1小时。
- 在此期间，制作牛奶蛋黄酱，按照第1~3步骤（参考第148页）制作，将做好的牛奶蛋黄酱放入冰箱冷藏待用。
- 将所有的干果切碎后放在容器内。
- 一旦牛奶蛋黄酱变凉，即可用打蛋器搅拌至均匀润滑，以便使用。
- 制作三角面坯：将面团从冰箱取出后，放在撒有薄面的案板上（也可以直接将面团放在撒有薄面的油纸上操作）。
- 将面团擀成4毫米厚的长方形的片（图1），将两条长边对折后再打开，这样可以找到面坯的中线（图2）。
- 用勺子将牛奶蛋黄酱倒在面坯的一半处（图3），用抹刀抹平（图4）。
- 在牛奶蛋黄酱上撒些混合好的干果碎（图5），要撒均匀。

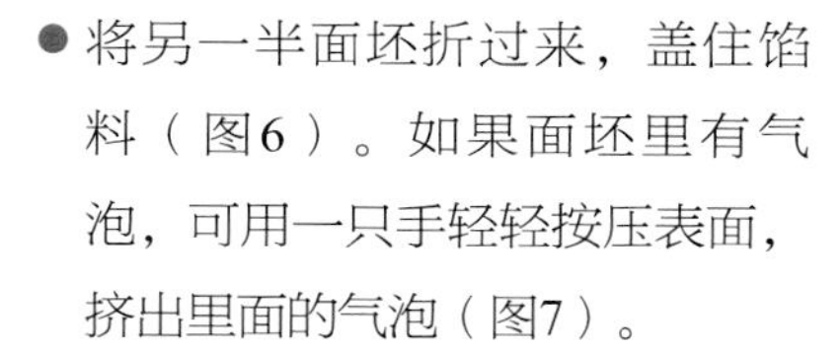

- 将另一半面坯折过来，盖住馅料（图6）。如果面坯里有气泡，可用一只手轻轻按压表面，挤出里面的气泡（图7）。
- 将表面整平的干果面坯放在铺有油纸的烤盘上（图8），盖上保鲜膜，常温下醒2小时30分钟。
- 在干果面坯醒至最后20分钟时，准备上色原料：将鸡蛋和蛋黄混合后搅打均匀。

- 将烤箱预热至180℃。
- 干果面坯充分醒好后，在表面刷上蛋液（图9）。
- 放入烤箱，烤12～15分钟，要随时注意烤箱内面包颜色的变化。
- 将烤好的干果面包放凉，在案板上先切掉边缘，再切成正方形，最后对角切成三角形即可（图10）。

原料

12~15个三角干果面包

准备时间：25分钟+制作牛奶面包面团时间
面团放置时间：1小时
醒面坯时间：2小时30分钟
制作时间：12~15分钟

牛奶面包面团（参考第124页）500克
牛奶蛋黄酱（参考第150页）200克
榛子　60克
杏仁　60克
核桃（普通核桃或山核桃）60克

上色原料
鸡蛋　1个
蛋黄　1个

1　将面团放在撒有薄面的案板上，擀成4毫米厚的长方形的片。

2　将面片的两条长边对折后再打开，形成中线。

3　用勺子将牛奶蛋黄酱倒在面坯的一半处。

4　用抹刀抹平。

5　在牛奶蛋黄酱上撒些混合好的干果碎。

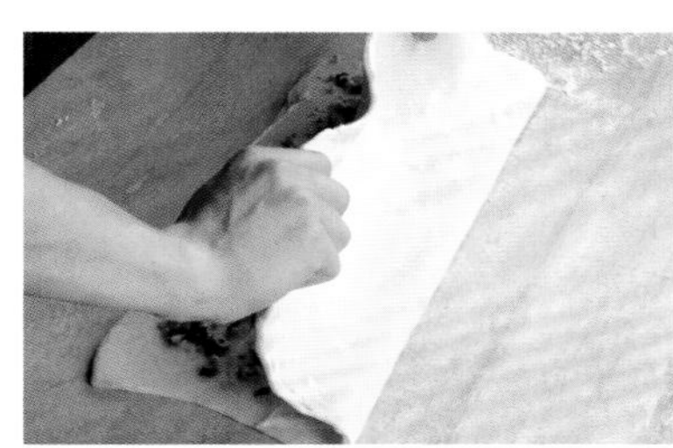

6　将另一半面坯折过来，与边缘对齐。

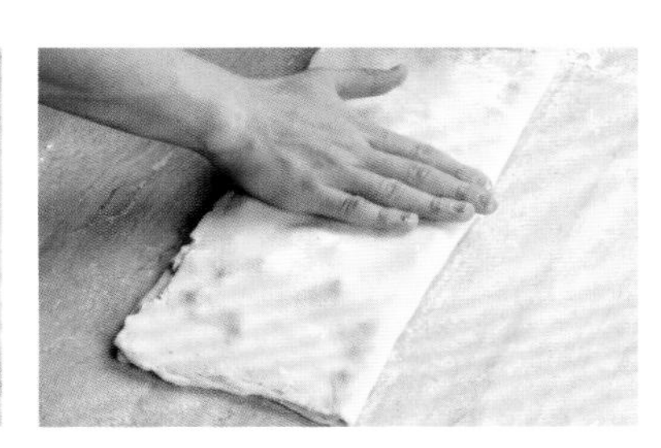

7　用双手轻轻按压表面，挤出里面的气泡。

8　将表面整平的干果面坯放在铺有油纸的烤盘上，盖上保鲜膜，常温下醒2小时30分钟。

9　干果面坯充分醒好后，在表面刷上蛋液。然后放入预热至180℃的烤箱，烤12~15分钟。

10　将烤好的干果面包放凉，在案板上先切掉边缘，再切成正方形，最后对角切成三角形即可。

课程34 方形黄油甜面包

Rectangle brioché au sucre

- 按照第1～6步骤制作黄油面包面团（参考第134页），用棉布盖住，常温下醒1小时。
- 醒发后，放在撒有薄面的案板上，用手拍扁成规整的长方形。
- 放入冰箱冷藏至少1小时，直到面团变硬。
- 然后将面团放在撒有薄面的案板上（图1）。
- 擀成厚约4毫米的长方形薄片。
- 横向将面片切成7厘米的宽条（图2）。
- 切掉宽条两头不齐的边（图3），再改刀成宽5厘米的长方形（图4）。
- 为了使长方形面片大小一致，可以用第一块面片作为标准（图5），按照它的尺寸切割剩余的面坯。

- 将切好的长方形面片摆放在铺有油纸的烤盘上，注意之间留出足够的距离（图6）。
- 封上保鲜膜，常温下醒2小时30分钟。
- 在长方形面片醒至最后20分钟时，开启烤箱，预热至180℃。
- 混合鸡蛋和蛋黄，搅打均匀，用于上色。
- 面坯充分醒发后（图7），就可以在表面刷上蛋液（图8），再均匀地撒上粗粒糖（图9）。
- 放入烤箱，烤10～12分钟。
- 烤好后放温即可享用。

- 建议：如果没有耐烘焙粗粒糖，可以用冰糖或红糖代替。

原料

约20个方形黄油甜面包

准备时间：20分钟+制作黄油面包面团时间

面团放置时间：至少1小时

醒面坯时间：约2小时30分钟

制作时间：10～12分钟

黄油面包面团（参考第134页）600克

上色及最后工序所需原料

鸡蛋 1个

蛋黄 1个

耐烘焙粗粒糖（小泡芙专用糖，在大型超市或甜品店有售）150克

1 将黄油面包面团放在撒有薄面的案板上，擀成厚约4毫米的长方形薄片。

2 横向将面片切成7厘米的宽条。

3 切掉宽条两头不齐的边。

4 切成宽5厘米的长方形。

5 为了长方形面片大小一致，可以用第一块面片作为标准，切割剩余的面坯。

6 将切好的长方形面片摆放在铺有油纸的烤盘上，注意之间留出足够的距离。封上保鲜膜，常温下醒2小时30分钟。

7 这是醒好的面坯。

8 在表面刷上蛋液。

9 再均匀地撒上粗粒糖。放入预热至180℃的烤箱，烤10～12分钟。

课程35 辫子黄油面包

Brioche tressée

- 按照第1－7步骤制作黄油面包面团（参考第134页），用手掌将醒好的黄油面团压平，分成6块，每块100克，做成长方形。
- 制作辫子黄油面包需要3块长方形面坯（图1）。将另外3块面坯放入冰箱冷藏，等第一个辫子面坯做好后再取出。
- 在案板上撒些薄面，用双手将3块面坯分别搓揉成长条（图2和图3），每条长约25厘米。
- 将3条面坯的上半部挨在一起，每条的下半部分开几厘米（图4），摆成扇子的形状。
- 开始用黄油面团条编辫子，先将最右边的面条放向左边，放在左边两根面条的中间（图5）。
- 再将最左边散开的面条放向右边，也要放在右边两根面条的中间（图6），重复此步骤，将右边的面条放在左边两根面条中间（图7），直到将下半部的面条编完。最后，轻轻按压3根面条的终端，粘在一起（图8）。

（…）

原料

2个辫子黄油面包

准备时间：15分钟+制作黄油面包面团时间
醒面坯时间：二三小时
制作时间：12~15分钟

黄油面包面团（参考第134页）600克
面粉（撒在案板上，非必需）50克

上色原料
蛋黄 2个
盐 1捏

1 制作黄油面包面团，分成6块，每块100克。将3块长方形面坯放在案板上，其余的3块冷藏。

2 在案板上撒些薄面，用双手将3块面坯分别搓揉成长条。

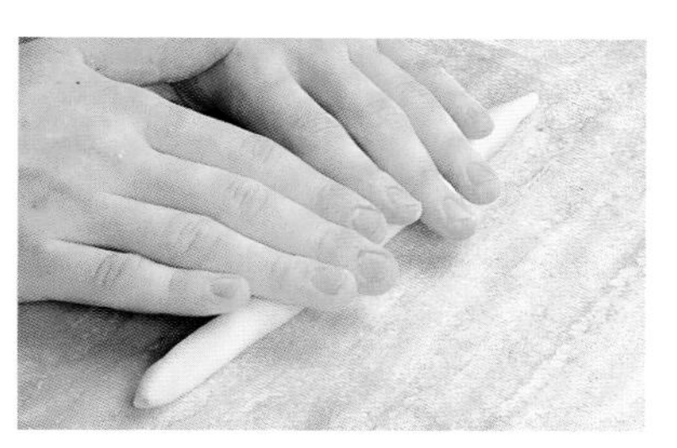

3 搓揉好的3根面条长度大约为25厘米。

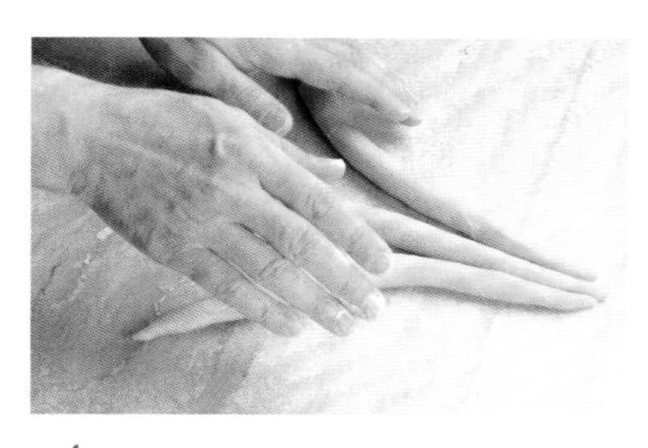

4 将3条面坯的上半部挨在一起，下半部分开几厘米的距离，摆成扇子的形状。

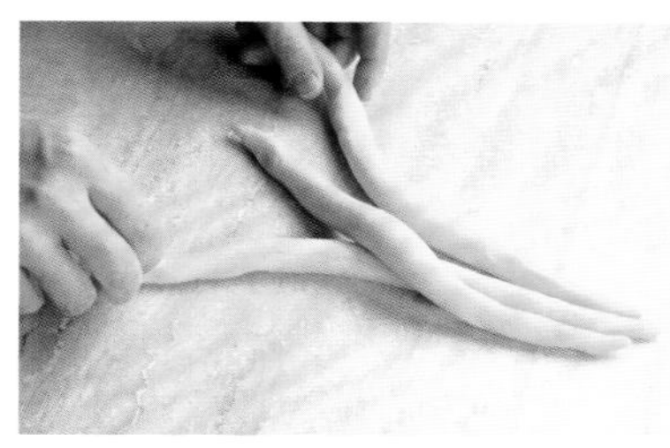

5 先将最右边散开的面条放向左边，要放在左边两根面条的中间。

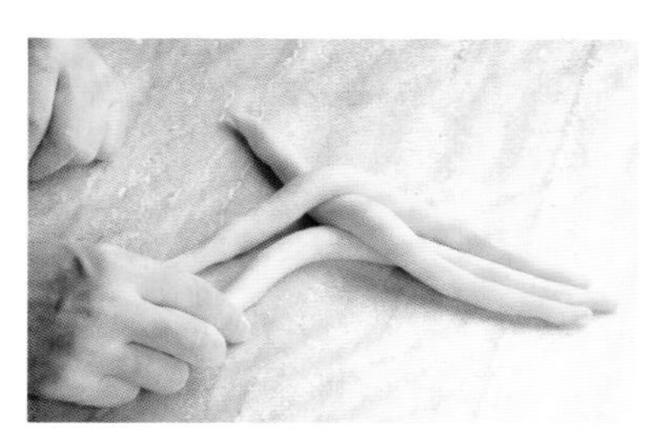

6 再将最左边散开的面条放向右边，也要放在右边两根面条的中间。

7 重复此步骤，将右边的面条放在左边两根面条中间，直到把下半部的面条编完。

8 轻轻按压3根面条的终端，粘在一起。

(…)

辫子黄油面包
Brioche tressée

- 用手握住编成辫子的下半部，调转到上方，使上半部散开的3根面条朝向自己（图9和图10）。
- 像之前那样继续用面条编辫子，将最右边的面条放在左边两根面条之间（图11），再将最左边的面条放在右边两根面条的中间（图12），就这样一直编到头，将3根面条的终端粘在一起（图13）。
- 将编成辫子的面坯放在铺有油纸的烤盘上（图14）。
- 取出冰箱里另外3块长方形面坯，继续按照上述方法，做成辫子形状。
- 用保鲜膜将辫子面坯盖住封好，避免变干。放在较热的地方醒二三小时。

- 当然，也可以制作较大的辫子面坯，然后做成花环的形状（图15）。
- 当辫子面坯快要醒好后，开启烤箱，预热至180℃。
- 将2个蛋黄与1捏盐混合，用餐叉搅拌均匀。
- 当辫子面坯醒发至之前体积的2倍时，即可将蛋液刷在表面（图16）。然后放入烤箱，烤10～12分钟，要随时注意烤箱内的变化。
- 辫子黄油面包的颜色不要过深。
- 烤好后，放在不锈钢箅子上。
- 稍等片刻即可享用。

9 用手握住编成辫子的下半部，调转到上方。

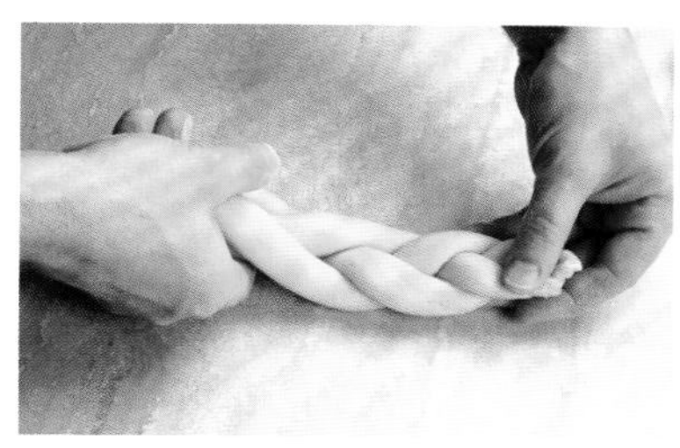

10 使上半部散开的3根面条朝向自己。

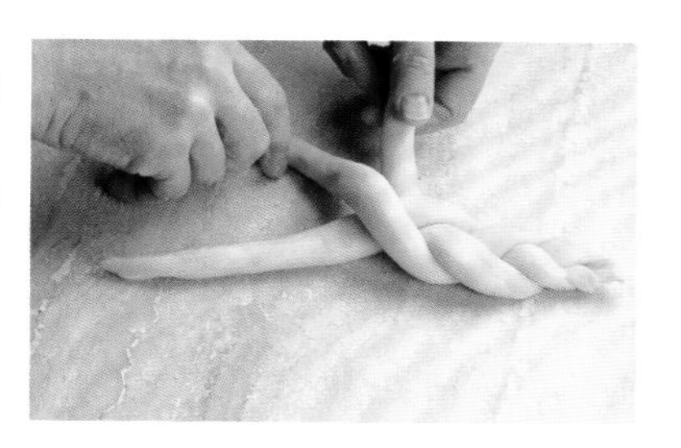

11 像刚才那样继续用面条编辫子，将最右边的面条放在左边两根面条之间。

12 再将最左边的面条放在右边两根面条之间。

13 就这样一直编到头，将3根面条的终端粘在一起。

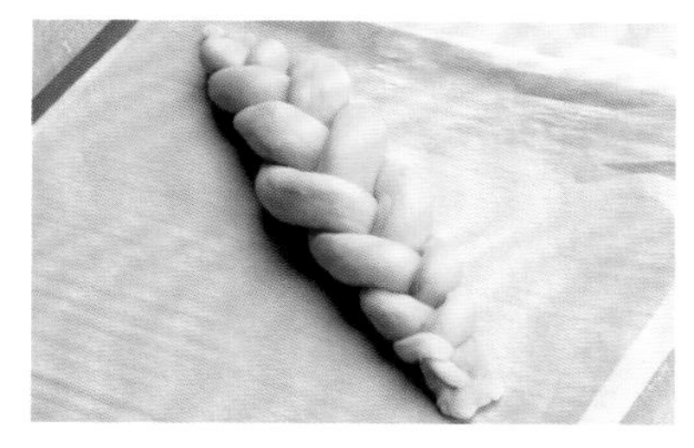

14 将编成辫子的面坯放在铺有油纸的烤盘上，盖上保鲜膜，放在较热的地方醒二三小时。

15 也可以制作较大的辫子面坯，然后做成花环的形状。

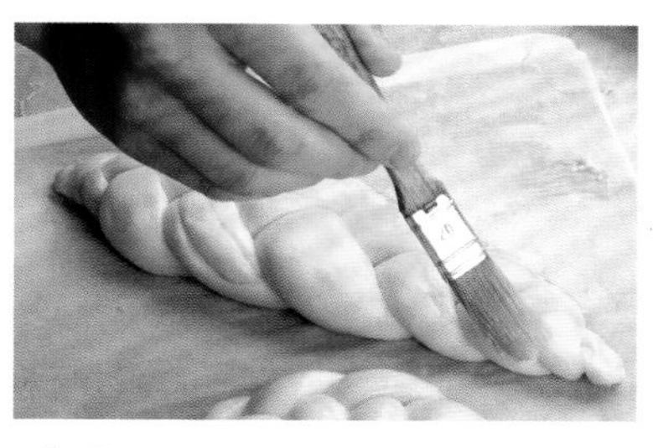

16 当辫子面坯醒发至之前体积的2倍时，即可将蛋液刷在表面。然后放入预热至180℃的烤箱，烤约10分钟。辫子黄油面包烤好后，放在不锈钢箅子上。

课程36 瑞士黄油面包 Brioche suisse

● 按照第1-6步骤制作黄油面包面团（参考第134页），醒1小时后，按扁成长方形，放入冰箱冷藏40分钟，再冷冻20分钟，如果时间充足，也可以将面团冷藏2小时。

● 在此期间，制作牛奶蛋黄酱：在锅中倒入全脂牛奶和1咖啡匙黄油，中火加热。
● 如果愿意，可以在牛奶里加入半根剖开并刮下籽的香草荚。
● 在容器内放入蛋黄和细砂糖，搅拌均匀后，加入玉米淀粉和面粉，搅打均匀做成鸡蛋面糊。
● 牛奶快煮开时，捞出香草荚，将牛奶倒入鸡蛋面糊中，搅拌（图1）。
● 搅拌均匀后倒回锅中，中火加热，不停搅拌（图2），直到浓稠（图3）。
● 将做好的牛奶蛋黄酱倒入干净的容器内，用保鲜膜封好，放入冰箱冷藏。

● 制作黄油面包：在较凉的案板上撒一层薄面（如果操作环境较热，可以使用油纸，操作时会容易些）。
● 将长方形的黄油面包面团从冰箱取出，擀成四五毫米厚的长方形（图4）。
● 放入冰箱，冷冻几分钟。
● 取出冷藏的牛奶蛋黄酱，搅拌至柔软润滑。
● 从冰箱取出面片，放在案板上。用抹刀将牛奶蛋黄酱横向抹在面片上（图5），逐渐将牛奶蛋黄酱均匀地抹在面片的下半部分（图6），约5毫米厚。

（…）

原料

8~10个瑞士黄油面包

准备时间：25分钟+制作黄油面包面团时间

醒面坯时间：2小时30分钟+1小时黄油面包面团醒发时间

制作时间：10~12分钟

面团静置时间：1小时

黄油面包面团（参考第134页）600克

制作350克牛奶蛋黄酱原料

全脂牛奶 250毫升

黄油 1咖啡匙

香草荚（非必需添加）1/2根

蛋黄 2个

细砂糖 50克

玉米淀粉 20克

面粉 1汤匙

馅心及最后工序所需原料

耐高温巧克力豆 120克

细砂糖 50克

水 50毫升

橙花水 1汤匙

上色原料

鸡蛋 1个

蛋黄 1个

1 黄油面包面团做好后，将煮开的香草黄油牛奶倒入鸡蛋面糊中（蛋黄、细砂糖、面粉、玉米淀粉），同时搅拌。

2 搅拌均匀后再倒回锅中。

3 中火加热，同时不停搅拌。然后把做好的牛奶蛋黄酱用保鲜膜封好，放入冰箱冷藏。

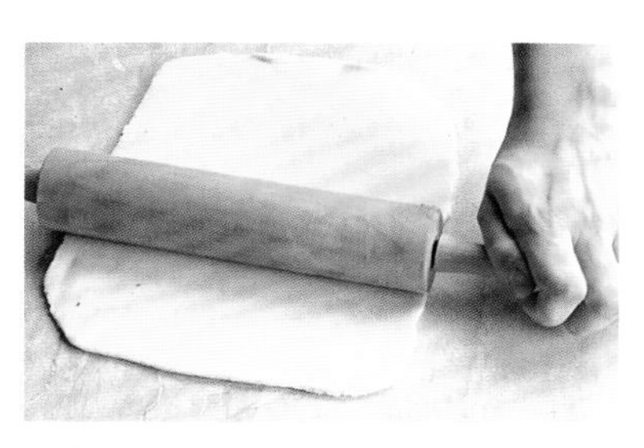

4 从冰箱取出醒好的黄油面包面团，放在撒有薄面的案板上，擀成四五毫米厚的长方形。

5 用抹刀将搅拌均匀的牛奶蛋黄酱抹在面片上。

6 逐渐将牛奶蛋黄酱均匀地抹在面片的下半部分。

(…)

瑞士黄油面包
Brioche suisse

- 在牛奶蛋黄酱上撒些巧克力豆（图7），要撒均匀（图8）。
- 用擀面杖轻轻滚压巧克力豆，将巧克力豆压入牛奶蛋黄酱里（图9）。
- 将另一半未抹馅心的面片折叠并盖在馅心上（图10），用手掌轻压表面，排出内部的空气（图11）。
- 再用擀面杖在上面滚压（图12），使表面平整光滑。
- 用锋利的刀子，将面坯横向切成宽三四厘米的长方块（图13）。
- 摆放在铺有油纸的烤盘上，之间留出一定的距离（图14）。
- 用保鲜膜封好，常温下醒2小时30分钟。

- 在此期间，制作糖浆：将细砂糖和水放入锅中，中火煮开后放凉，加入橙花水即可。
- 在瑞士黄油面包面坯醒至最后20分钟时，开启烤箱，预热至180℃。
- 将上色原料所需的鸡蛋和蛋黄混合，轻轻搅打均匀。
- 当面坯充分醒发后，在表面轻轻刷上蛋液（图15）。
- 放入烤箱，烤10～12分钟，随时观察烤箱内面包的状况。
- 将烤好的瑞士黄油面包从烤箱取出后，在表面轻轻刷上糖浆（图16）。
- 变温后即可尽情享用了！

- 建议：糖浆非必需使用，但是糖浆会让瑞士黄油面包更加美味。
- 可以使用切碎的巧克力代替耐烘焙巧克力豆，如果喜欢，也可以加入糖渍橙皮丁。

7 在牛奶蛋黄酱上撒些巧克力豆。

8 这是撒好巧克力豆的样子，注意馅心要均匀且薄厚一致。

9 用擀面杖轻轻滚压巧克力豆，将巧克力豆压入牛奶蛋黄酱里。

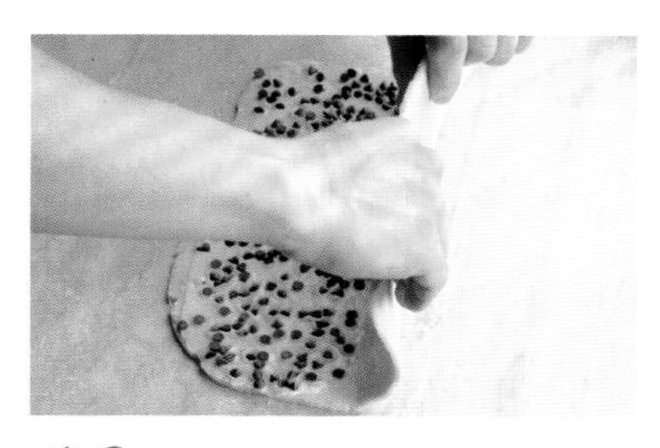

10 折叠另一半未抹馅心的面片，盖在馅心上。

11 用手掌轻压表面，将内部的空气排出。

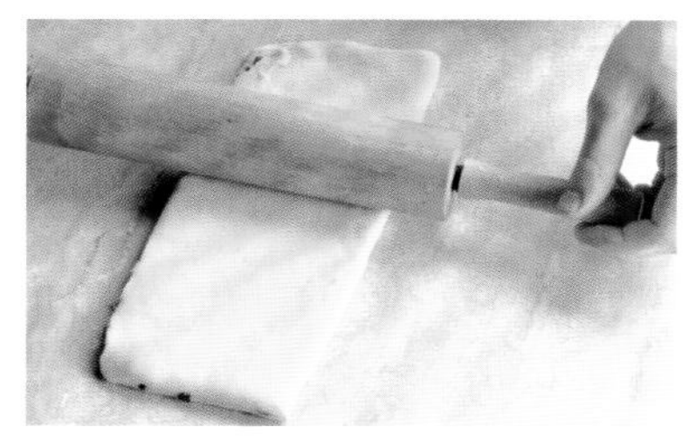

12 再用擀面杖滚压，使长方形面坯表面平整光滑。

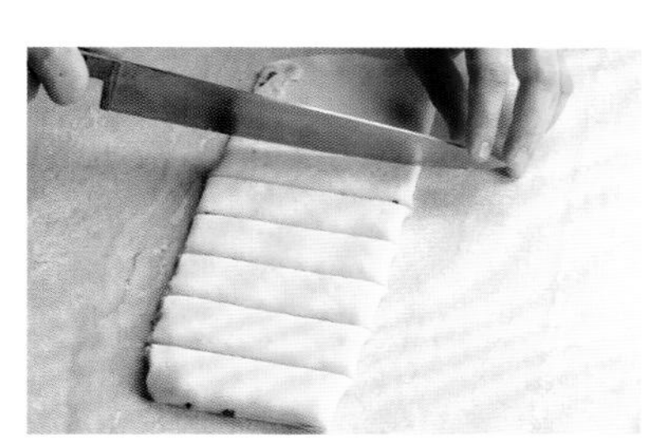

13 将面坯横向切成宽三四厘米的长方块。

14 将面坯块摆放在铺有油纸的烤盘上，用保鲜膜封好，常温下醒2小时30分钟。

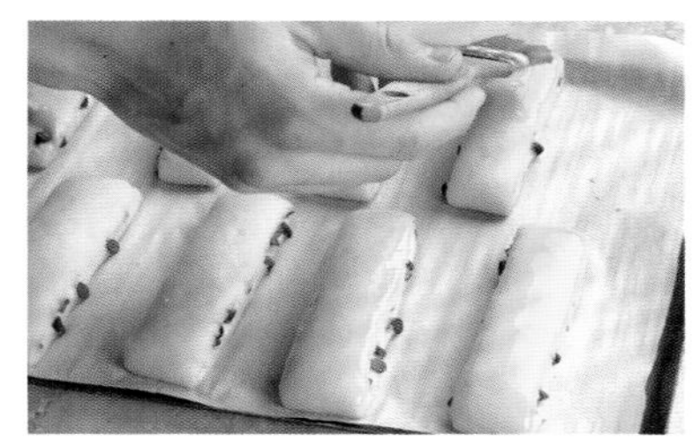

15 面坯充分醒好后，在表面轻轻刷上蛋液。放入预热至180℃的烤箱，烤10～12分钟。

16 将烤好的瑞士黄油面包从烤箱取出后，在表面轻轻刷上糖浆，变温后即可享用。

课程37 山核桃桂皮黄油面包

Brioche aux noix de pécan et à la cannelle

- 按照第1-6步骤制作黄油面包面团（参考第134页），搓揉好的面团应均匀且有韧性，再加入桂皮粉和山核桃粗碎（图1）。
- 用手将所有原料混合均匀（图2），之后在面团上盖一层棉布，常温下醒至体积膨胀到之前的2倍。
- 在此期间，将黄油抹在长形蛋糕模具内壁。
- 面坯充分膨胀后，放在撒有薄面的案板上（图3）。
- 用手轻轻拍扁，做成长方形但避免过度搓揉（图4）。
- 分成均匀的4份（图5）。
- 用双手将每块面坯揉成球状（图6）。
- 将4个面球放在抹好黄油的长形蛋糕模具中（图7）。
- 封上保鲜膜，常温下醒2小时30分钟。

- 待面坯体积即将膨胀至之前的2倍时，开启烤箱，预热至170℃。让面坯继续醒30分钟。
- 在此期间，混合鸡蛋和1捏盐，用餐叉搅拌均匀。
- 面坯充分醒好后，将蛋液刷在表面（图8）。
- 将剪刀蘸上水（图9），逐个剪开面球中间（图10），每剪一次蘸一次水，剪刀蘸水是为了避免粘黏面坯。
- 将剪好的面坯放入烤箱内的不锈钢箅子上，烤20分钟，随时注意烤箱内面包颜色的变化。
- 面包烤好后，变温后脱模。

- 建议：也可以制作原味的黄油面包，或者在面包中加入自己喜欢的果干。

原料

1个28厘米长的山核桃桂皮黄油面包

准备时间：20分钟+制作黄油面包面团的时间

醒面坯时间：3小时30分钟～4小时

制作时间：约20分钟

刚做好的黄油面包面团（参考第134页） 600克

优质桂皮粉 30克

山核桃粗碎 100克

黄油（用于模具） 10克

鸡蛋（用于上色） 1个

盐 1捏

1 黄油面包面团做好后，加入桂皮粉和山核桃粗碎。

2 用手将所有原料搅拌均匀，盖上棉布，常温下醒1小时。

3 当面坯充分膨胀后，放在撒有薄面的案板上，用手轻轻拍扁，排出里面部分气体。

4 整成长方形，但避免过度搓揉。

5 分成均匀的4份。

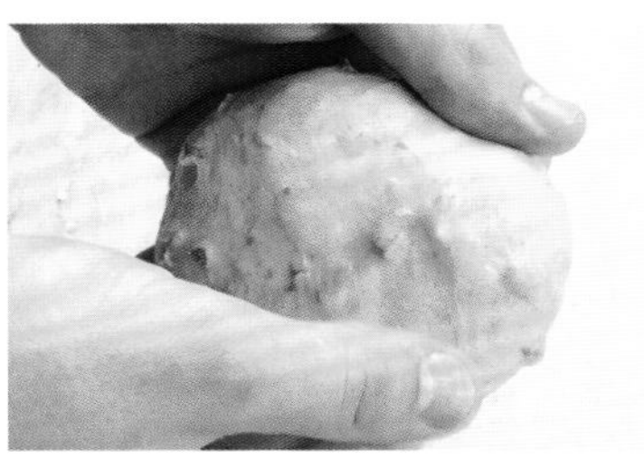

6 用双手将每块面坯揉成球状。

7 放在抹好黄油的长形蛋糕模具中，常温下至少醒2小时30分钟。

8 面坯充分醒好后，将蛋液刷在表面。

9 将剪刀蘸上冷水。

10 逐个剪开球状面坯中间。放入预热至170℃的烤箱，烤约20分钟。

课程 38

心形砂粒酥黄油面包

Brioche cœur streusel

- 按照第1～6步骤制作黄油面包面团（参考第134页），做成正方形，放入冰箱冷藏1小时，直到面团变硬。
- 从冰箱取出面团，放在撒有薄面的案板上擀成片，厚约6毫米（图1）。
- 用心形戳模在面片上割出心形（图2），也可以使用锋利的刀尖制作。
- 去掉多余的面片（图3），保存好用来制作其他黄油面包。
- 将心形面片放在铺有油纸的烤盘上，常温下醒约2小时。
- 在心形面片醒至最后20分钟时，开启烤箱，预热至170℃。
- 制作馅心：将梨去皮，用柠檬擦拭表面，避免变色。将梨纵向切成两半，去掉果核，切成约1厘米见方的小丁。
- 在煎锅中倒入红糖，中火加热直到变成焦糖（图4）。
- 加入黄油和切好的梨丁（图5），再撒上桂皮粉（图6），小火煮5分钟，离火保存待用。

（…）

原料

10人份

准备时间：20分钟+制作黄油面包面坯时间
醒面坯时间：约2小时
制作时间：12~16分钟

工具
1个心形戳模

做好的黄油面包面团（参考第134页） 600克
成熟的梨（考密斯甜酥梨） 3个
柠檬 1/2个
红糖 20克
黄油 1咖啡匙
桂皮粉 1咖啡匙
鸡蛋（用于上色） 1个
蓝莓（新鲜或冷冻） 20个
糖粉（用于最后装饰） 1汤匙

椰蓉砂粒酥
黄油 50克
细砂糖 50克
椰蓉 50克
面粉 50克
盐 1捏

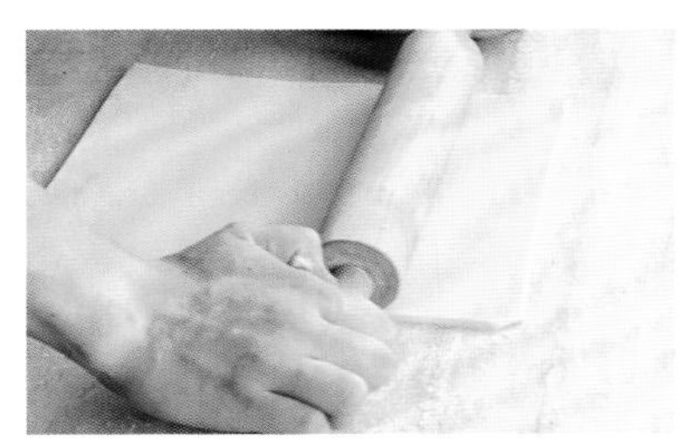

1 将黄油面包面团放在撒有薄面的案板上，擀成厚约6毫米的片。

2 用心形戳模在面片上割出心形，也可以用锋利的刀尖来制作。

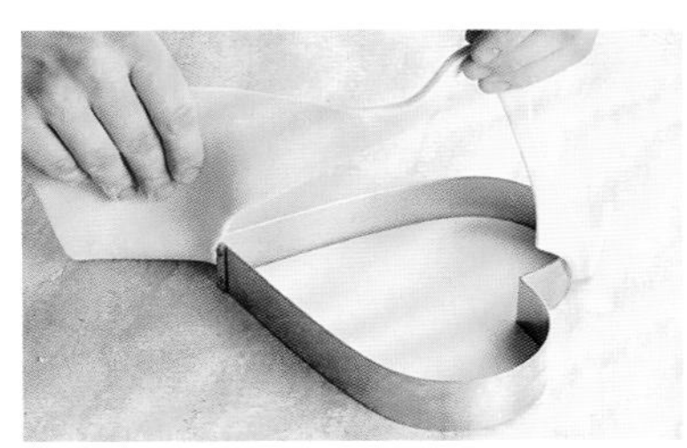

3 去掉周边多余的面片。将心形面片放在铺有油纸的烤盘上，常温下醒约2小时。

4 将梨去皮，用柠檬擦拭表面，切成方丁后，在煎锅中倒入红糖，中火加热直到变成焦糖。

5 加入梨丁和黄油。

6 撒入桂皮粉，小火熬5分钟。

(···)

心形砂粒酥黄油面包
Brioche cœur streusel

- 在此期间，制作砂粒酥面团：将黄油、细砂糖、椰蓉、面粉和盐放在一个容器内（图7）。
- 用手指搅拌所有原料，搓揉成散碎的小面团。当然，也可以在案板操作（图8）。

- 将鸡蛋搅打均匀，刷在醒好的心形面片上（图9）。
- 将蓝莓一颗一颗地压入心形面片里（图10）。
- 用小勺在面片表面铺放做好的桂皮焦糖梨块（图11）。
- 再均匀地撒上砂粒酥面团（图12），放入烤箱，烤15分钟。
- 心形砂粒酥黄油面包烤好后，在不锈钢箅子上放凉后撒上糖粉。
- 即可享用。

- 建议：也可以将黄油面包面片做成其他形状：如圆形或正方形，不需用模具切割。

7 将制作砂粒酥面团的原料放在一个容器内：黄油、细砂糖、椰蓉、面粉和盐，用手指搅拌所有原料。

8 在案板上搓揉成散碎的小面团。

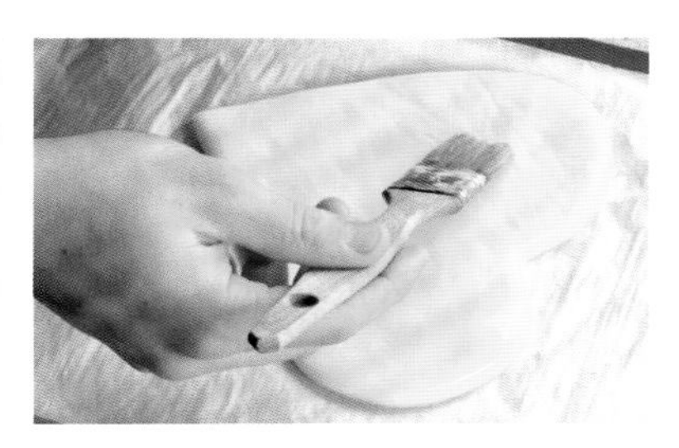

9 在醒好的心形面片上刷一层蛋液。

10 将蓝莓一颗一颗有规律地压入心形面片里。

11 在面片上铺放做好的桂皮焦糖梨块。

12 表面均匀地撒上砂粒酥面团，放入预热至170℃的烤箱，烤15分钟。

课程39 粉色糖衣杏仁黄油面包

Pognes aux pralines roses

- 按照第1-7步骤制作黄油面包面团（参考第134页），用锋利的刀将粉色糖衣杏仁在案板上切碎（图1）。
- 将黄油面包面团放在撒有薄面的案板上，用手按扁（图2），将粉色糖衣杏仁碎粒撒在上面（图3）。
- 卷起面片，裹住粉色糖衣杏仁碎粒（图4），再用手搓揉，使馅心均匀地分布在面团中（图5），做成球状。
- 最后将面团分成8块，每块重约100克（图6）。
- 用手搓揉每块面团（图7）。

(…)

原料

8个大的或16个小的粉色糖衣杏仁黄油面包

准备时间：20分钟+制作黄油面包面团时间

醒面坯时间：约2小时30分钟

制作时间：15分钟

常温黄油面包面团（参考第134页）600克

优质粉色糖衣杏仁 80克

面粉（撒在案板上）100克

上色及最后工序所需原料

鸡蛋 1个

蛋黄 1个

粉色糖衣杏仁 20克

杏仁碎粒 适量

1 黄油面包面团做好后，将粉色糖衣杏仁在案板上切碎。

2 将黄油面包面团放在撒有薄面的案板上，用手按扁。

3 在上面撒些粉色糖衣杏仁碎粒。

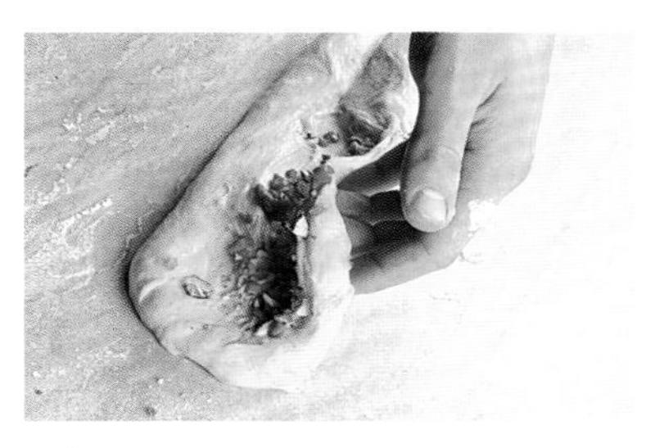

4 卷起面片，裹住粉色糖衣杏仁碎粒。

5 再用手搓揉，使馅心均匀地分布在面团中。

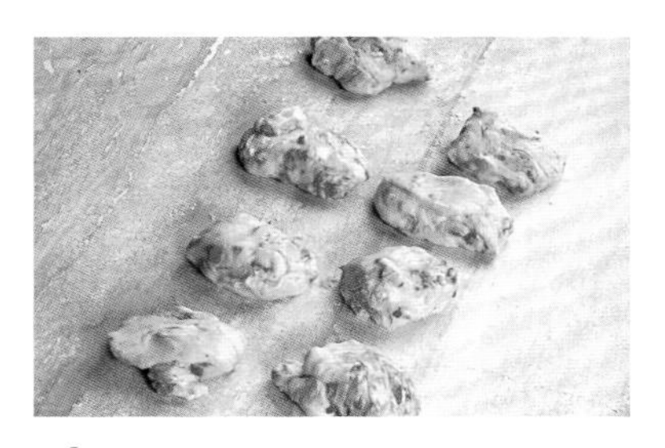

6 将面团平均分成8块。

7 在撒有薄面的案板上，搓揉每块面团。

（…）

粉色糖衣杏仁黄油面包
Pognes aux pralines roses

- 用手掌将一块面团按扁（图8），在案板上按住并转动面团，直到成为表面光滑的球状（图9至图12）。
- 将搓揉好的球状面坯用指尖拿起（图13），摆放在铺有油纸的烤盘上（图14）。
- 表面盖上保鲜膜，常温下醒2小时30分钟。
- 在面坯醒至最后20分钟时，开启烤箱，预热至180℃。
- 将鸡蛋和蛋黄放入容器内，用餐叉轻轻搅拌均匀。
- 用刷子蘸上蛋液，刷在醒好的球状面坯上（图15和图16）。

- 可以用其他方法完成面坯最后的制作，如：将漂亮的粉色糖衣杏仁碎粒撒在面坯上（图17），或者撒上杏仁碎粒（或杏仁片）（图18），也可以什么都不放，保持原来的状态（图19）。
- 最后，将面坯放入烤箱，烤15分钟，随时注意烤箱内面包的状况。
- 粉色糖衣杏仁黄油面包烤好后，放温即可享用。

- 建议：可以将整块面团分成10或16块，做成更小的球状面坯。
- 当然也可以将整块面坯放在蛋糕模具中，做成各种形状的面包。

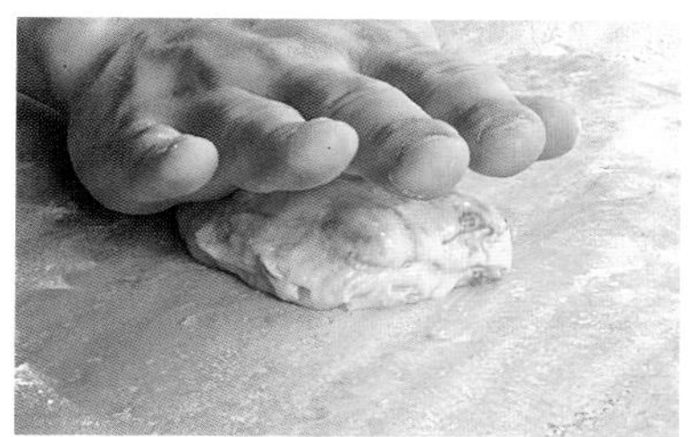

8 用手掌将一块面团按扁。

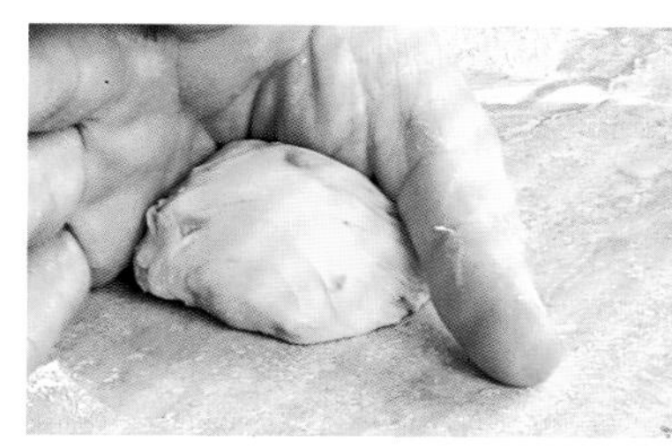

9 在案板上按住并转动面团。

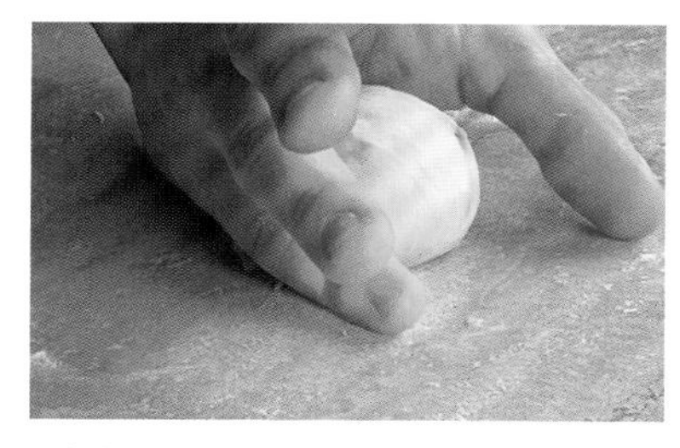

10 用手掌心操作。

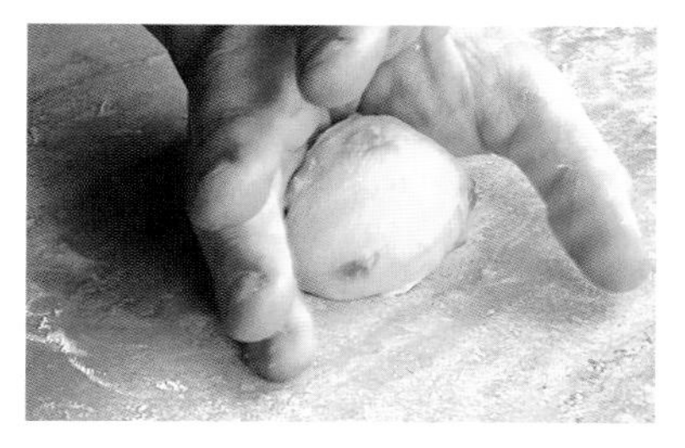

11 直到面团表面光滑。

12 成为球状。

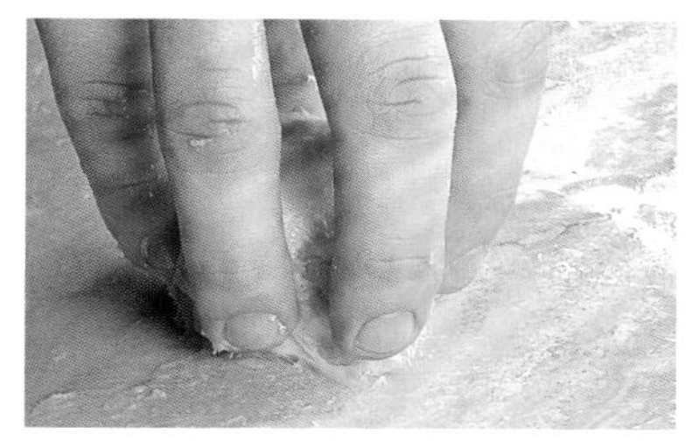

13 将搓揉好的球状面坯用指尖拿起。

14 摆放在铺有油纸的烤盘上，常温下醒2小时30分钟。

15 在醒好的球状面坯上刷一层蛋液。

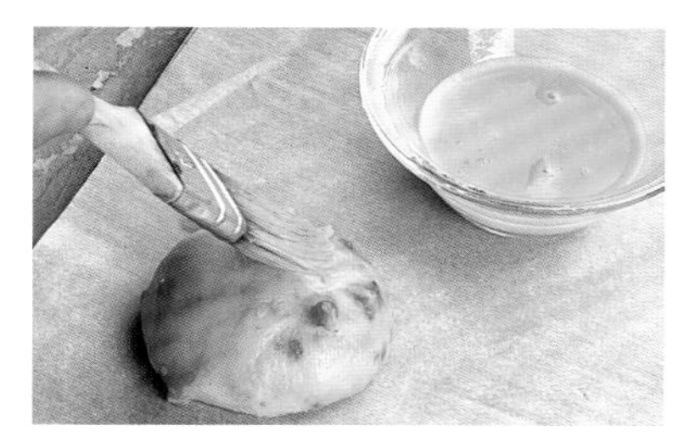

16 用刷子轻轻刷。

17 最后，将好看的粉色糖衣杏仁碎粒撒在面坯表面。

18 或者撒上杏仁碎粒（或杏仁片）。

19 也可以什么都不放，保持原来的状态。放入预热至180℃的烤箱，烤约15分钟。

课程40 油炸黄油面包 Bugnes

- 按照第1-7步骤制作黄油面包面团（参考第134页），再轻轻擀扁，用保鲜膜包好，放入冰箱冷藏至少2小时，直到面团紧实。
- 将面团放在撒有薄面的案板上，面团上也撒些薄面（图1）。
- 用擀面杖擀成3毫米的薄片（图2和图3）。
- 用锋利的刀斜着将面片切成宽约6厘米的条（图4），再换个方向斜刀切成宽4厘米的菱形（图5）。
- 用小刀尖在每片菱形面片中间纵向划出2厘米的开口（图6）。
- 拿起菱形面片（图7），将其中一角从面片底下弯折到开口处（图8），再用手指顶出，从面片上方捏住从口中穿出的面角，轻轻拽出（图9）。

(…)

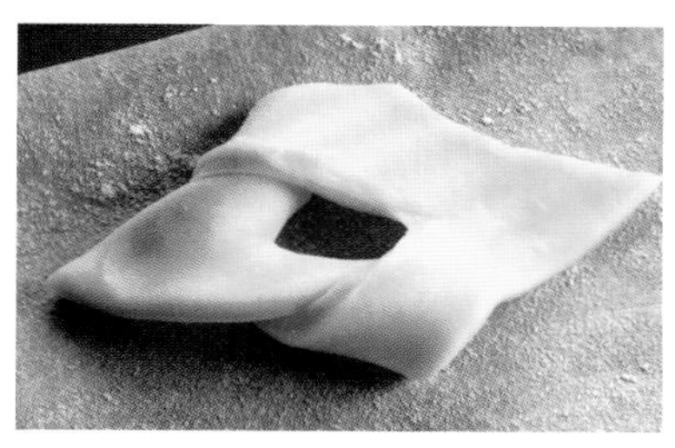

10 将做好的菱形面坯摆放在铺有油纸的烤盘上，常温下醒1小时30分钟。

11 将植物油加热至170～180℃，之后放入菱形面坯。

12 将一面炸上颜色。

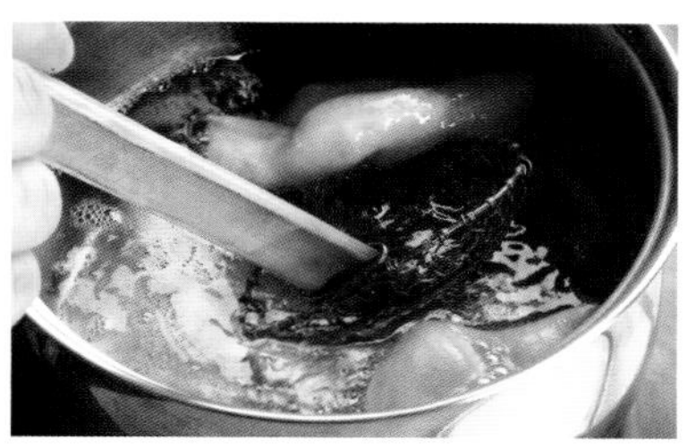

13 用笊篱翻面，炸另外一面。

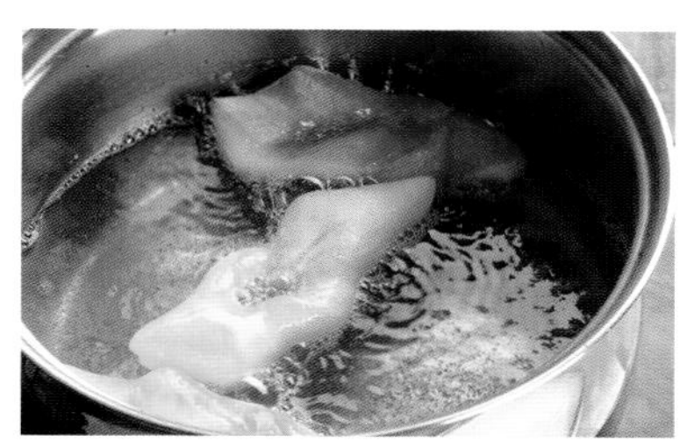

14 继续炸其他的菱形面坯。

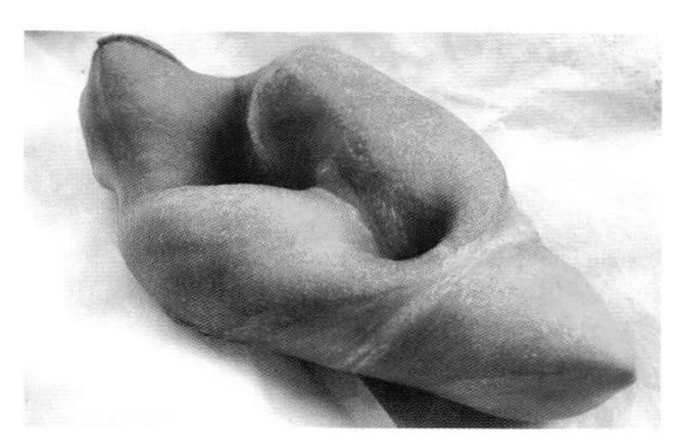

15 将炸好的黄油面包放在吸油纸上，吸掉多余的油脂。

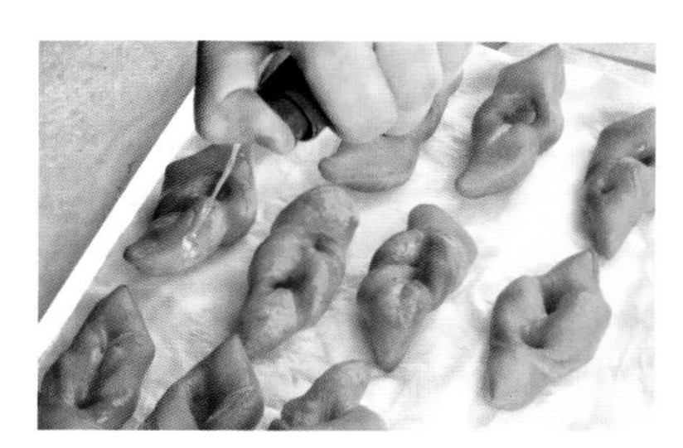

16 洒上橙花水。

17 放入混合好的细砂糖和桂皮粉中。

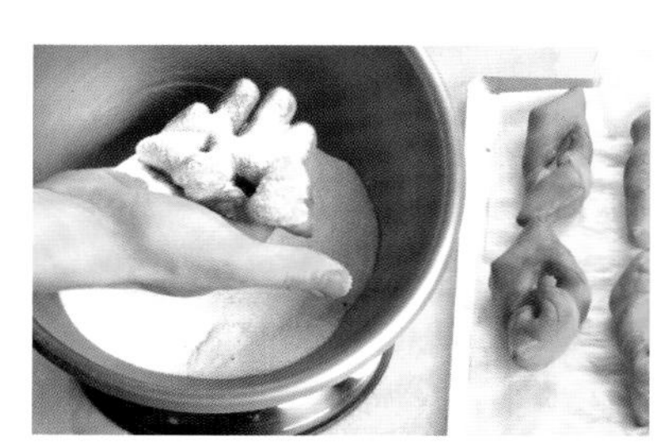

18 要完全裹匀。

课程41 无花果樱桃司康饼
Scones aux figues et griottes

- 将无花果干和冷冻樱桃切成小丁。
- 将面粉和泡打粉一起过筛到容器内（图1和图2）。
- 再加入细砂糖（图3）和软黄油（图4）。
- 用手将所有原料搓揉成碎砂粒面团（图5），直到黄油与面粉混合均匀（图6）。
- 再加入鸡蛋和全脂牛奶（图7），用木铲继续搅拌（图8）。
- 加入切好的水果小丁（图9）。

(…)

原料

约20个司康饼

准备时间：20分钟
醒面团时间：10分钟
制作时间：10～15分钟

无花果干　80克
冷冻樱桃　60克
45号面粉　400克
泡打粉　25克
细砂糖　90克
黄油（常温）　55克
鸡蛋　1个（约50克）
全脂牛奶　150毫升

上色原料
蛋黄　2个

1 水果切丁后，将面粉和泡打粉一起过筛。

2 筛到一个容器里。

3 加入细砂糖。

4 再加入软黄油。

5 用双手开始搅拌。

6 将所有原料搓揉成碎砂粒面团，直到黄油与面粉混合均匀。

7 再加入鸡蛋和全脂牛奶。

8 用木铲继续搅拌。

9 最后，加入切好的水果小丁。

（…）

无花果樱桃司康饼
Scones aux figues et griottes

- 再次搅拌，直到面团变得非常硬（图10）。
- 将水果面团放在撒有薄面的案板上，用手搓揉，直到成为长方形（图11和图12）。
- 放入冰箱冷冻10分钟，使水果面团变得略微硬实。
- 将烤箱预热至210℃。
- 将水果面团从冰箱取出，放在撒有薄面的油纸上。
- 用擀面棍擀成厚约2厘米的片（图13）。
- 将水果面片切成四五厘米宽的长方条（图14和图15）。再将每根长方条横向切成四五厘米宽的正方形水果面坯（图16）。
- 将正方形水果面坯摆放在铺有油纸的烤盘上（图17）。

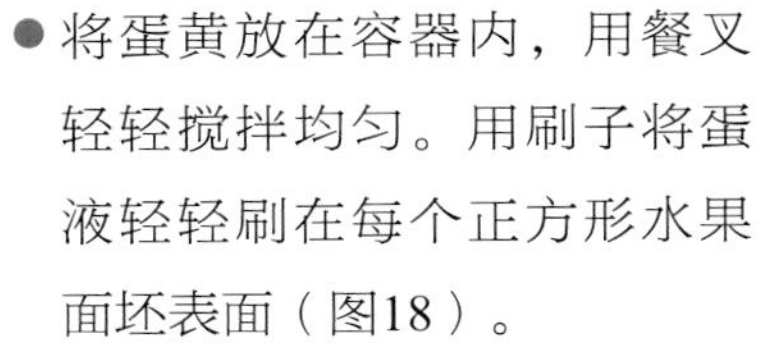

- 将蛋黄放在容器内，用餐叉轻轻搅拌均匀。用刷子将蛋液轻轻刷在每个正方形水果面坯表面（图18）。
- 放入烤箱，烤十几分钟，随时注意烤箱内无花果樱桃司康饼的状况，一定要表面及底部颜色变深，且内部松软。
- 检查成熟度时一定要掰开一个无花果樱桃司康饼，如果中心没有生面团，就说明已经烤好了。
- 从烤箱取出，放温后即可享用。

- 建议：可以按照自己喜欢的馅料制作司康饼，如李子干、葡萄干、青苹果丁等等。
- 也可以提前一天制作面坯，切成方块后，放入冰箱冷冻至第二天。

10 再次搅拌，直到面团变得非常硬。

11 将水果面团放在撒有薄面的案板上。

12 用手搓揉，直到成为长方形，之后放入冰箱冷冻10分钟。

13 将烤箱预热至210℃。将水果面团放在撒有薄面的油纸上，擀成厚约2厘米的片。

14 用锋利的刀切割水果面片。

15 切成四五厘米宽的长方条。

16 再将每个长方条横向切成四五厘米宽的正方形水果面坯。

17 摆放在铺有油纸的烤盘上。

18 将蛋黄放在容器内，用餐叉轻轻搅拌均匀。用刷子将蛋液轻轻刷在每个正方形水果面坯表面。放入烤箱，烤10～15分钟，随时注意烤箱内无花果樱桃司康饼的状况。

课程42 橙皮巧克力吐司面包

Pain de mie à l'orange et au chocolat

- 将面粉、细砂糖、盐和酵母放在搅拌机钢桶内（图1），注意酵母不要直接接触盐和细砂糖。
- 将水和奶粉放入容器内搅拌均匀后倒入搅拌钢桶内（图2），慢速搅拌3分钟（图3）。
- 在此期间，将糖渍橙皮切成小丁（图4）。
- 面团和好后，加入软黄油（图5），中速搅拌二三分钟。
- 当黄油完全与面团混合均匀后，加入巧克力豆（图6）和糖渍橙皮丁（图7），用手搓揉（图8），直到与面团混合均匀。搓揉好的面团紧实有韧性。

(…)

原料

1根25厘米长的吐司面包或600克吐司面团

准备时间：20分钟
醒面团时间：3小时
制作时间：25～30分钟

工具
1个30厘米长的蛋糕模具

45号面粉　370克
细砂糖　15克
盐　2咖啡匙
酵母　15克
常温水　200毫升
奶粉　20克
优质糖渍橙皮　60克
软黄油　50克
耐烘焙巧克力豆　70克
化黄油（用于涂抹模具内壁）25克

1 将面粉、细砂糖、盐和酵母放在搅拌机钢桶内。

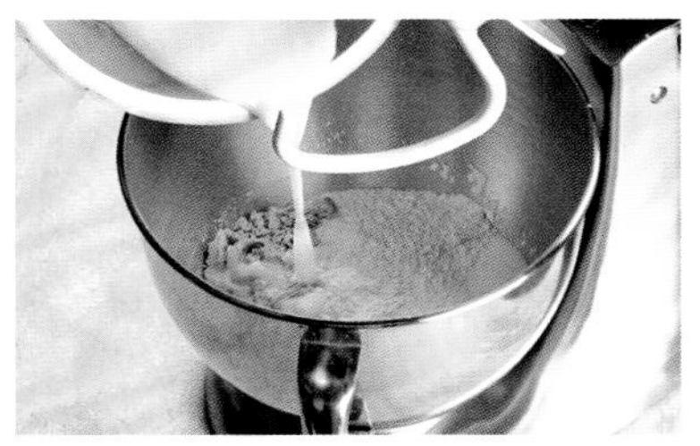

2 将水和奶粉放入容器内搅拌均匀后倒入搅拌钢桶内。

3 慢速搅拌3分钟，和成面团。

4 将糖渍橙皮切成小丁，保存待用。

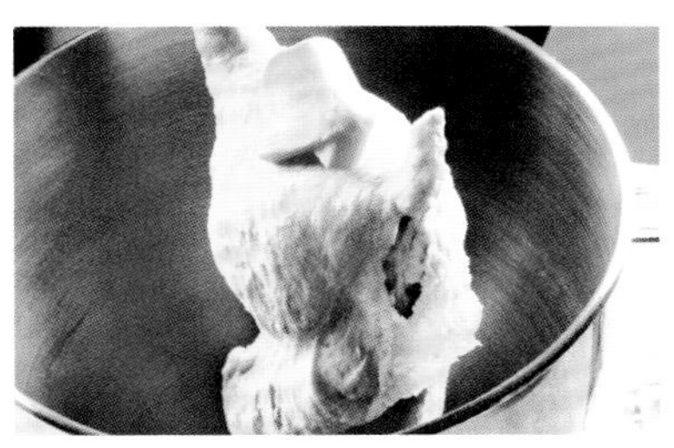

5 在和好的面团里加入软黄油，中速搅拌二三分钟。

6 加入巧克力豆。

7 加入糖渍橙皮丁。

8 用手搓揉所有原料，直到混合均匀。

(…)

橙皮巧克力吐司面包

Pain de mie à l'orange et au chocolat

- 将面团放在搅拌钢桶内，在较暖和的地方醒1小时（图9）。
- 面团醒好后，放在撒有薄面的案板上（图10）。
- 按扁，将上半部分向中间折叠（图11）。
- 然后调转面团方向，将另一边也折向中间（图12），同时用手指将其按压并粘在面团上。
- 对折面团，将边缘处压紧，做成表面光滑的圆柱状（图13）。
- 用刷子蘸上化黄油，刷在蛋糕模具的内壁（图14）。
- 将圆柱状面坯放入蛋糕模具中，接缝处向下（图15）。
- 用手将模具中的面坯压实（图16）。
- 常温下醒1小时30分钟，直到面坯体积膨胀至之前的2倍（图17）。
- 开启风热烤箱，预热至180℃。
- 将醒好的面坯放入烤箱，烤20～25分钟。
- 将烤好的橙皮巧克力吐司面包直接脱模，放在不锈钢箅子上，避免变软。

9 将面团放在搅拌钢桶内，在较暖和的地方醒1小时。

10 面团醒好后，放在撒有薄面的案板上。

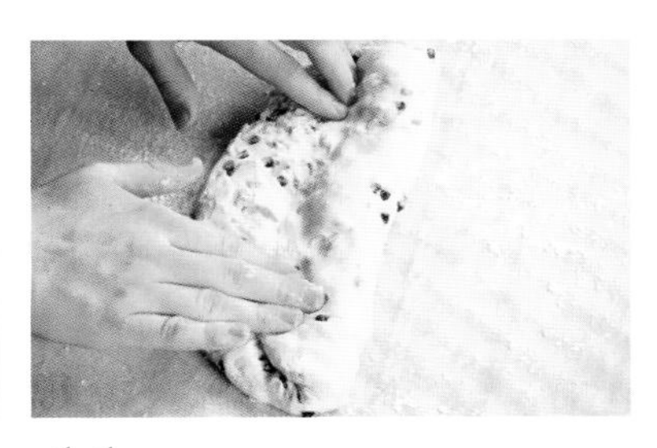

11 轻轻按扁，将上半部分折向中央。

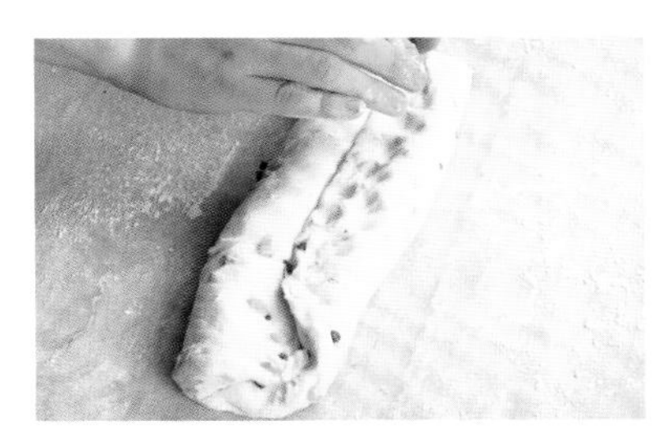

12 再调转面团，将另一边也折向中央，用手指将其按压并粘在面团上。

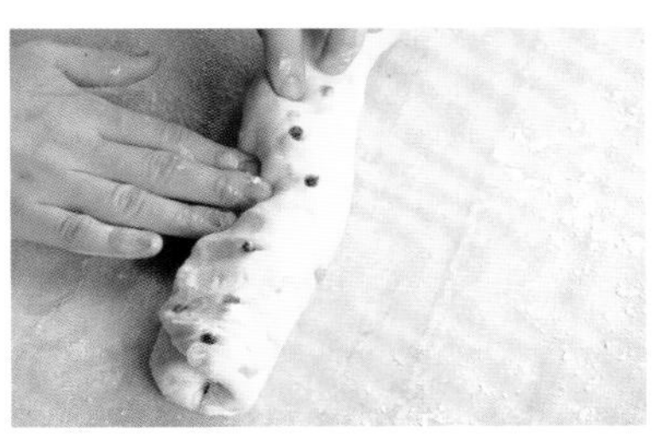

13 将面团对折，边缘处压紧，做成表面光滑的圆柱状。

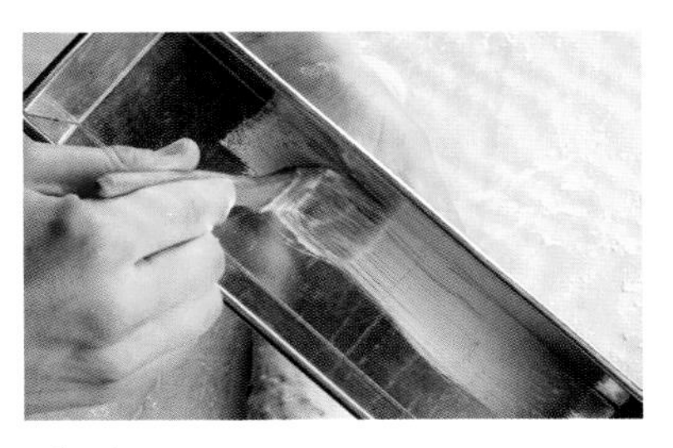

14 在蛋糕模具内壁刷上化黄油。

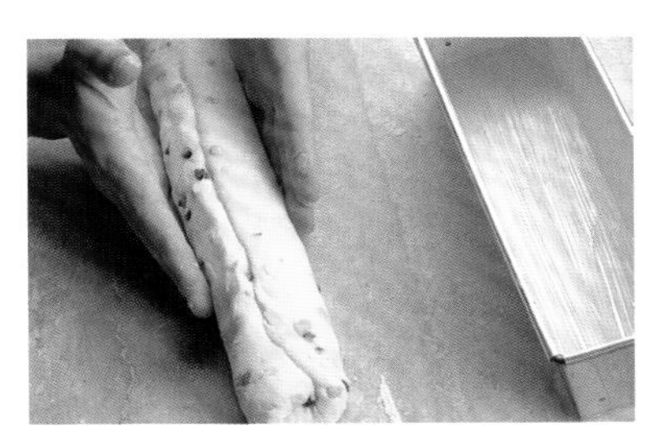

15 将圆柱状面坯放入蛋糕模具中，接缝处向下。

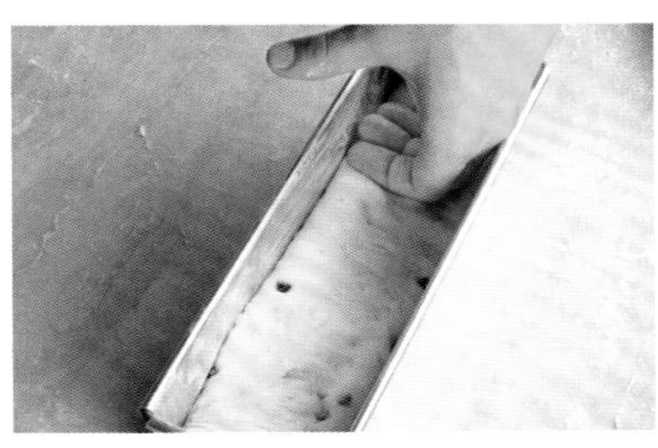

16 将模具中的面坯压实，常温下醒1小时30分钟。

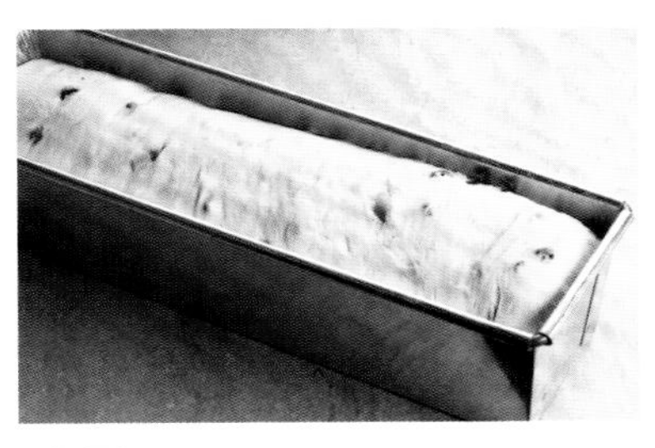

17 将醒好的面坯放入预热至180℃的烤箱，烤20～25分钟。橙皮巧克力吐司面包烤好后立即脱模。

小点

LES MIGNARDISES

心

制作小点心
La fabrication des mignardises

以下是关于小点心制作的一些建议。

提前规划再制作 Pour une bonne organisation

鸡尾酒会上的点心用量要预先计划好，每人4块小甜点，4块小咸点；晚餐前的开胃小吃为4～8块小咸点；用餐结束后需要三四块小甜点。这样就可以按照需要购买原料。制作前，将所有的原料过秤称量。

品尝点心 Pour la dégustation des gâteaux

大部分点心都可以在冰箱里冷藏，保存一二天，取出后常温放置十几分钟即可享用。

点心的保存 Pour la conservation des gâteaux

除了用泡芙面团制作的点心不能冷冻过久以外，大部分点心冷冻保存是没有问题的。还有一些点心可以保存较长的时间，冷冻三四周都没有问题。

必要工具 Le matériel nécessaire

建议最好使用搅拌机，但是用手持搅拌器也足够了。建议制作一些小蛋糕时，先在不锈钢圈模中醒发，或者使用纸质模具（可自制）也可以。弯抹刀比直抹刀更容易操作，便于抹平原料表面。

烘烤时，最好使用硅胶模具，这种特别的软模具很适合制作小点心。

这些软模具可以制作出镜面完美、规格统一、干净利落，呈盒状的小点心。

成功的烘焙 Pour une cuisson réussie

烘烤饼干的点心需要使用风热烤箱，而烘烤泡芙类点心时，用自然对流烤箱即可。

软模具的使用及维护的一些建议
Quelques conseils d'utilisation et d'entretien de vos moules souples

装填原料 Le remplissage

为了使操作简便并让烘焙时的空气能够良好循环，在将装填原料到模具之前，需要先将模具摆放在带孔的铝制烤盘上。

烘焙 La cuisson

软模具和硅胶垫几乎适合任何温度的烘烤，甚至可以在微波炉中使用。但是注意不要接触明火和烤箱内壁。不要用于烤箱内的烧烤模式。使用烤箱时，软模具需要合适的烘烤时间及温度。风热烤箱加热速度比传统电热烤箱更快。

冷冻 La congélation

可以将装有原料的软模具直接放入-40℃的冰箱冷冻，也可以在软模具中装入冰激凌或冰霜，或者仅用于盛装原料放在冰箱中冷藏。

脱模 Le démoulage

将盘子扣在模具上，再与模具一起翻转脱模。如果烤好的原料脱不出来，可以先用小刀将模具边缘与原料分开。另外，不要将烤好的原料在模具中或硅胶垫上直接分割，会损坏模具，一定要先脱模再切割。

维护保养 L'entretien

将用过的软模具浸泡在热洗涤灵水中，用软海绵清理，避免搓磨。不需用棉布擦干，甩去水分，晾干即可。

窍门：可以将软模具放入100℃的烤箱2分钟，不仅可以烘干，还能起到消毒的作用。

存放 Le stockage

软模具需要倒扣存放，当然也可以堆放，但是上面不要放过重的物品，避免软模具受压变形。硅胶垫不能折叠，但是可以卷起来存放。

课程43 水果镜面酱 Glaçage fruits

- 将结力片泡入半升冷水中。
- 锅中倒入150克矿泉水、细砂糖（图1）、橙皮、柠檬皮（图2和图3）、半根香草豆荚及刮下的籽（图4），煮开后立即关火。加入挤干水的软结力片（图5）。用打蛋器轻轻搅拌后（图6），再用细筛网过滤（图7），放入冰箱冷藏，使用时取出即可（图8）。
- 使用水果镜面酱，先放在暖汤池中略微隔水加热后即可浇或刷在小点心表面。

- 建议：水果镜面酱可以在冰箱内冷冻几周或冷藏几天。

原料

用于约40个小点心的镜面酱

准备时间：10分钟

结力片　10克

矿泉水　150克

细砂糖　200克

橙皮　¼个

柠檬皮　¼个

香草豆荚　½根

1 锅中倒入矿泉水和细砂糖。

2 然后加入橙皮。

3 加入柠檬皮。

4 糖水煮开后，加入香草豆荚及刮下的籽。

5 再加入挤干水的软结力片。

6 用打蛋器轻轻搅拌。

7 再用细筛网过滤。

8 将做好的水果镜面酱放入冰箱冷藏，用时取出即可。

课程44 乳白镜面酱

Glaçage blanc opaque

原料

520克乳白镜面酱

准备时间：10分钟

工具

1支温度计

杏味光亮膏 （过细筛网） 50克
结力片 7克
淡奶油 100克
半脱脂奶粉 40克
水 50克
细砂糖 200克
葡萄糖 （或蜂蜜） 75克

- 锅内倒入杏味光亮膏，加热溶化后过细筛网，称量为50克。
- 将结力片泡入冷水中，直到完全变软。
- 在另一口锅里倒入淡奶油和半脱脂奶粉，放在暖汤池中，以中火隔水加热。
- 再用另一口锅，倒入水、细砂糖和葡萄糖，加热至110℃。加入热奶油和挤干水的软结力片。
- 最后，与50克杏味光亮膏混合。
- 也可以在乳白镜面酱里加入喜欢的食用色素。

课程45 可可镜面酱
Glaçage au cacao

原料

用于约30个小点心的可可镜面酱

结力片　8克
水　120克
细砂糖　145克
无糖可可粉　50克
脂肪含量30%的淡奶油　100克
食用红色素　1滴

准备时间：10分钟

- 在一个较大的容器内倒入冷水（可以放入少量冰块），放入结力片浸泡。
- 将水、细砂糖、无糖可可粉和淡奶油倒入锅中，小火加热，同时轻轻搅拌，注意不要搅打而混入大量气泡。
- 煮开后即可离火。
- 将挤干水分的结力片马上放入刚煮开的混合物中（如果太凉，可略微加热），再加入1滴食用红色素。
- 接着用细筛网过滤到容器内即可。

- 使用前，将可可镜面酱隔水加热或微波加热，但不要过多搅拌。变凉且没有凝固时即可使用。

- 建议：可以将可可镜面酱放入密封容器内冷藏1周，冷冻则能保存得更久些。

课程46 甜沙酥面团小塔坯

Fonds de tartelettes en pâte sablée

- 将面粉、泡打粉和细砂糖倒在案板上（图1），再加入橙皮细末和软黄油（图2），用双手搓揉（图3），再将手掌相对搓揉混合的原料，接着用指尖碾碎大块的颗粒面团，直到呈均匀的细砂粒状（图4）。在面团中间挖个小坑，倒入蛋黄和水（图5）。
- 用指尖快速搅拌，直到将面团搅拌搓揉均匀，表面光滑，避免时间过长（图6和图7）。
- 将和好的甜沙酥面团平均分成2份，分别用保鲜膜包好（图8）。一块放入冰箱冷藏1小时，单独冷冻，以后再用。

(…)

原料

约300克甜沙酥面团或60个小塔坯

准备时间：10分钟

制作时间：10分钟

面粉　150克

泡打粉　1捏

细砂糖　75克

橙子　½个

软黄油　75克

蛋黄　1个

水　1汤匙

1 将面粉、泡打粉和细砂糖倒在案板上，中间挖一个小坑。

2 加入橙皮细末和软黄油。

3 用双手搓揉所有原料。

4 直到将混合的原料搓成均匀的细砂粒状。

5 再挖一个小坑，在里面放入蛋黄和水。

6 搅拌所有原料，但避免过度搓揉。

7 和成表面光滑的面团。

8 将和好的甜沙酥面团用保鲜膜包好，放入冰箱冷藏1小时。

(…)

甜沙酥面团小塔坯
Fonds de tartelettes en pâte sablée

- 将烤箱预热至180℃。
- 在案板上撒一层薄面，用擀面杖将甜沙酥面团擀成2毫米的薄片（图9）。放入冰箱冷藏几分钟后取出，用餐叉在上面插些小孔（图10）。
- 用直径6厘米的圆形戳模，在面片上割下15个小圆面片（图11），放入小塔模具内并压实。
- 将模具放在不锈钢箅子上，放入烤箱，烤10～15分钟，取出后在不锈钢箅子上放凉。

- 建议：可以将烤好的小塔坯冷冻保存或在阴凉处保存2天。

9 用擀面杖将甜沙酥面团擀成2毫米的薄片。

10 为了避免面片在烘烤时膨胀，可用餐叉在上面先插些小孔。

11 用圆形戳模，在面片上切割小圆面片。

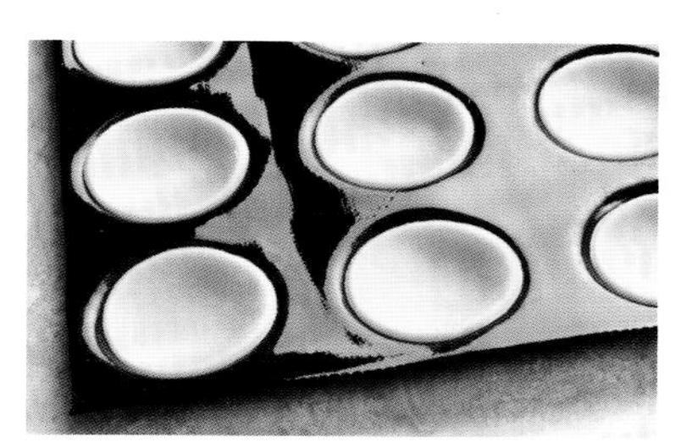

12 然后放入小塔模具内并压实。放入预热至180℃的烤箱，烤10分钟。

课程47 小杏仁塔
Tartelettes à la frangipane

- 制作杏仁馅料：在大盆中放入软黄油，用打蛋器（图1）充分搅打（图2）。
- 加入鸡蛋（图3）和一部分细砂糖（图4）。
- 继续用力搅打（图5）。
- 再倒入剩下的细砂糖、棕色朗姆酒和杏仁粉（图6），继续搅打至没有白色（图7）。
- 将做好的杏仁馅心装入挤袋，挤入模具中的甜沙酥面团小塔坯底部（图8）。
- 放入预热至180℃的烤箱，烤15分钟，这是烤好后脱模的小杏仁塔（图9）。

- 建议：最好提前一晚将所需原料从冰箱内取出，常温放置。

可以将杏仁馅心原料放入密封盒冷冻保存。

原料

约450克甜沙酥面团（参考第184页）

准备时间：10分钟
制作时间：15分钟

工具
1个挤袋
1个中号平头圆口挤嘴
小塔模具

杏仁馅心原料
软黄油 120克
鸡蛋 2个
细砂糖 120克
棕色朗姆酒 1汤匙
杏仁粉 120克

1 用打蛋器将软黄油搅打至均匀细腻。

2 要用力搅打。

3 加入鸡蛋。

4 加入一部分细砂糖，继续搅拌。

5 一直用打蛋器搅打。

6 再加入剩余的细砂糖、棕色朗姆酒和杏仁粉。

7 轻轻地搅拌均匀，继续搅打至没有白色。

8 将做好的杏仁馅心装入挤袋，挤入模具中的甜沙酥面团小塔坯底部。

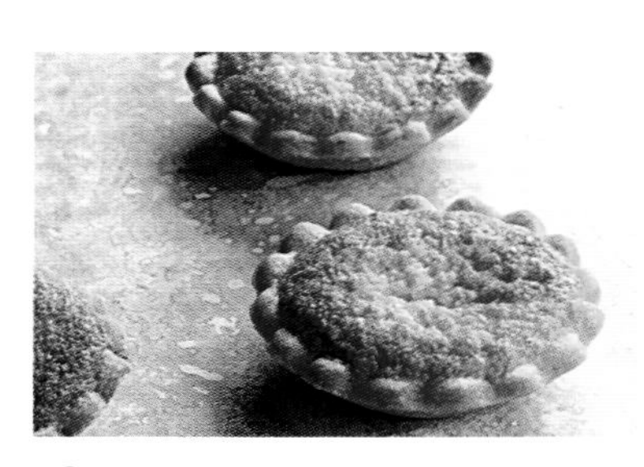

9 这是烤好的小杏仁塔！

课程48 脆甜沙酥面团 Pâte sablée très friable

- 将软黄油放入盆中，用铲子搅拌直到更加柔软。
- 加入糖粉（图1）和盐，用打蛋器充分搅拌（图2）。
- 再加入面粉（图3），搅拌成面团（图4）。
- 将面团放在油纸上，上面再覆盖一张油纸，轻轻按压表面，再用擀面杖擀成片（图5）。
- 将面团擀3毫米左右的薄片（图6），放入冰箱冷冻几分钟。
- 从冰箱取出后，撕去上面的油纸（图7），在面片上撒一层薄面，再倒扣在另一张油纸上，撕去面片上另外一面的油纸，再在面片上撒一层薄面。
- 用戳模在面片上割下直径为6厘米的小圆片。
- 将所有的小圆面片放入小塔模中，压实。

- 建议：脆甜沙酥面团足够凉并略微冷冻时最容易操作。面团内丰富的黄油虽会带来很好的味道，但是却不易制作。面坯只能放在模具里烘烤，或放在蛋糕底部用一点果酱粘黏后再烘烤。

原料

约250克脆甜沙酥面团

准备时间：10分钟

工具

1个直径6厘米的圆形戳模

小塔坯模具

软黄油　125克

糖粉　45克

盐　1克

面粉　115克

1 在软黄油内加入糖粉和盐。

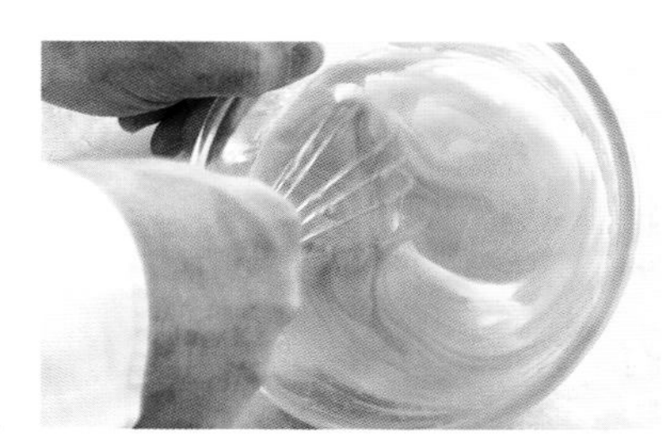

2 用打蛋器充分搅打。

3 加入面粉。

4 继续搅拌，和成面团。

5 将面团放在两张油纸中间，用擀面杖擀成片。

6 面片约3毫米厚。

7 撕去面片两面的油纸，两面都撒上薄面。

课程49 橙花味棉花糖 Guimauves à la fleur d'oranger

- 将结力片放在冷水中泡软。
- 锅中倒入水、细砂糖和葡萄糖（图1），小火加热，直到130℃。
- 将挤干水的结力片放入温橙花水中，搅拌至溶化。
- 用搅拌机将蛋清打发，再倒入煮好的糖浆（图2），搅拌均匀。
- 加入结力片橙花水（图3）和食用红色素（图4）。
- 继续搅拌，使棉花糖混合原料膨胀（图5），直到黏稠均匀。
- 在旁边将糖粉和淀粉混合均匀，撒在一张油纸上（图6）。将棉花糖混合原料倒在上面（图7），表面撒一层糖淀粉（图8），再盖一张油纸（图9），用擀面杖擀成2厘米厚的片（图10）。
- 放置2小时至变硬，但不要变脆。

- 切成小块，用保鲜膜包好储存。

- 建议：可以使用硅胶垫代替油纸。不必在硅胶垫表面抹油，因为它本身是不粘材质。

也可以将棉花糖放在密封盒内，在阴凉处可保存约1周的时间，或者冷冻，可以保存几周。

原料

准备时间：15分钟

结力片　22克
水　100毫升
细砂糖　440克
葡萄糖　45克
橙花水　30毫升
蛋清　2个
食用红色素　少许
糖粉　100克
淀粉　100克

1 锅中倒入水、细砂糖和葡萄糖，搅拌。

2 将蛋清用搅拌机打发后慢慢倒入煮好的糖浆。

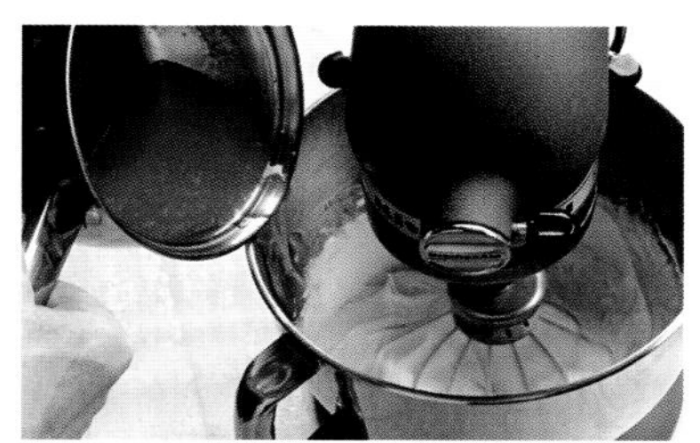

3 再加入温的结力片橙花水。

4 最后倒入食用红色素。

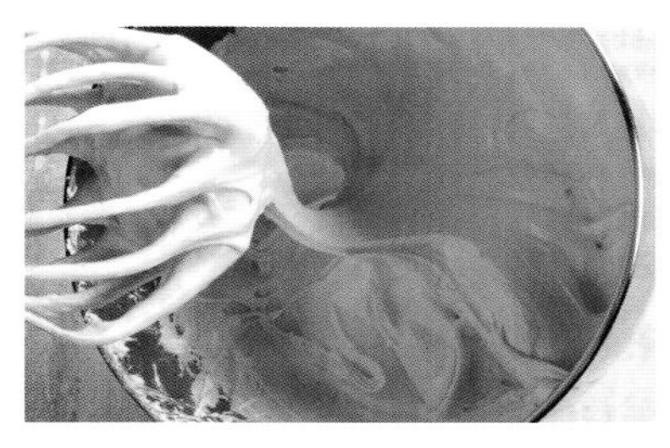

5 继续搅拌，使棉花糖混合原料膨胀，直到黏稠均匀。

6 将糖粉和淀粉混合均匀后撒在油纸上。

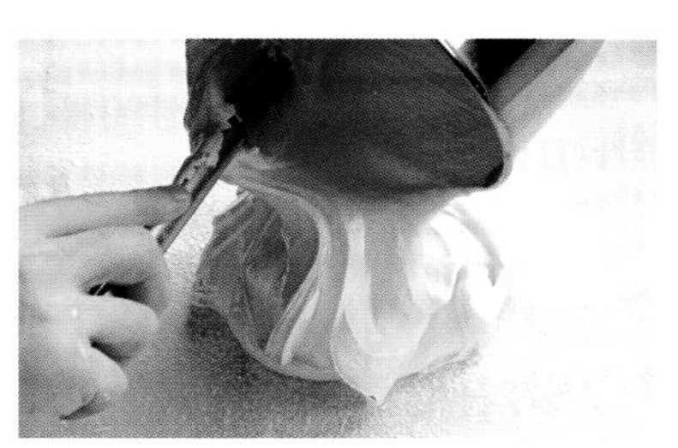

7 将棉花糖混合原料倒在油纸上。

8 表面撒一层糖淀粉。

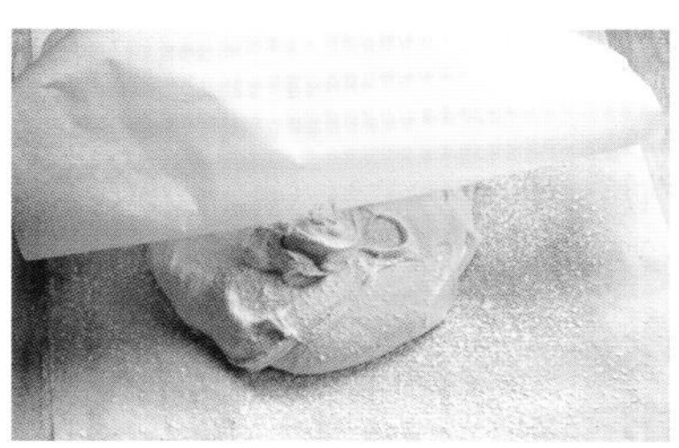

9 上面再盖一张油纸。

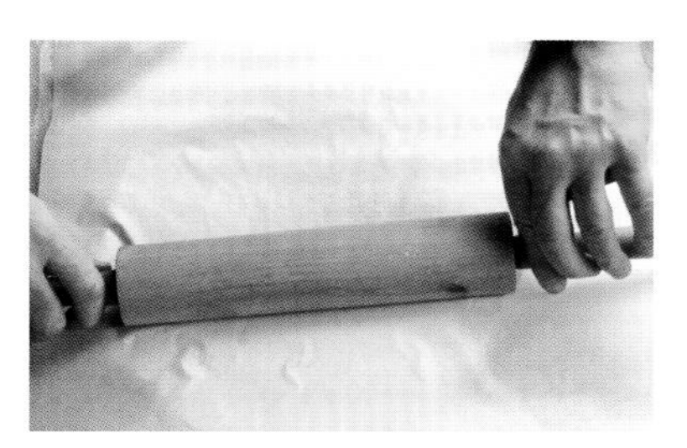

10 用擀面杖擀成厚片。

课程50 覆盆子棉花糖
Guimauves à la framboise

- 将结力片在冷水中泡软。
- 锅中倒入300克覆盆子果肉和175克细砂糖（图1），小火加热，直到105℃。
- 加入挤干水分的结力片（图2）。
- 再放入70克覆盆子果肉和150克细砂糖（图3），离火，用铲子搅拌均匀（图4）。
- 倒入搅拌机钢桶内，快速搅拌。
- 当混合物开始变凉时，充满气泡，变成粉色即可（图5）。
- 将植物油涂抹在油纸上（图6），待覆盆子棉花糖变温后，铺在涂抹植物油的油纸上（图7），上面再盖一张油纸（图8）。
- 将两把尺子放在覆盆子棉花糖两侧（图9），用擀面杖擀成1厘米厚（图10）。常温下放凉后，切成小块。
- 最后将小块的覆盆子棉花糖放入可可粉或细砂糖中，包裹均匀即可。

- 建议：可以用硅胶垫代替油纸。不必在硅胶垫表面抹油，因其本身是不粘材质。
- 将棉花糖冷冻，以便较好地保存。

原料

约60块棉花糖

准备时间：15分钟

工具

1支温度计

1台搅拌机

结力片　28克

覆盆子果肉　370克

细砂糖　325克

1 将覆盆子果肉和细砂糖倒入锅中并搅拌均匀。

2 加入挤干水分的结力片。

3 再放入覆盆子果肉和细砂糖。

4 用铲子搅拌均匀。

5 然后将混合物倒入搅拌机钢桶内，快速搅打，直到变成粉色。

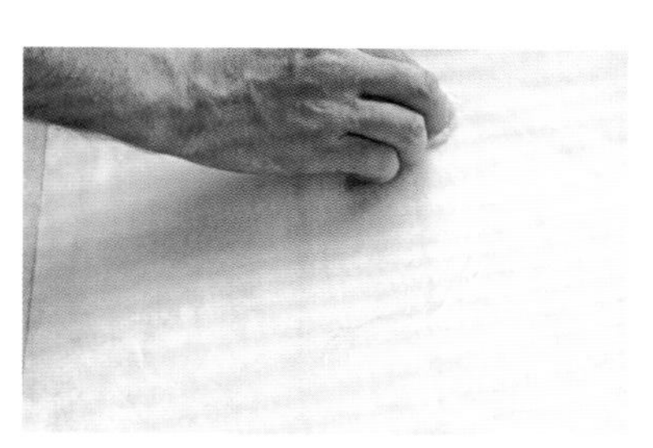

6 将植物油涂抹在油纸上。

7 覆盆子棉花糖变温后倒在油纸上。

8 在覆盆子棉花糖表面盖一张油纸。

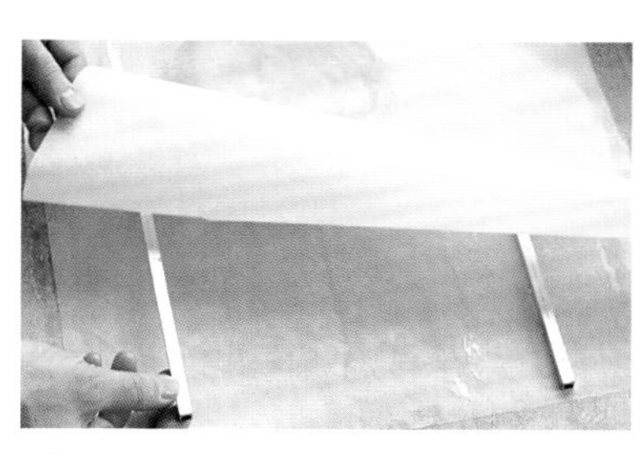

9 将两把尺子放在覆盆子棉花糖两侧。

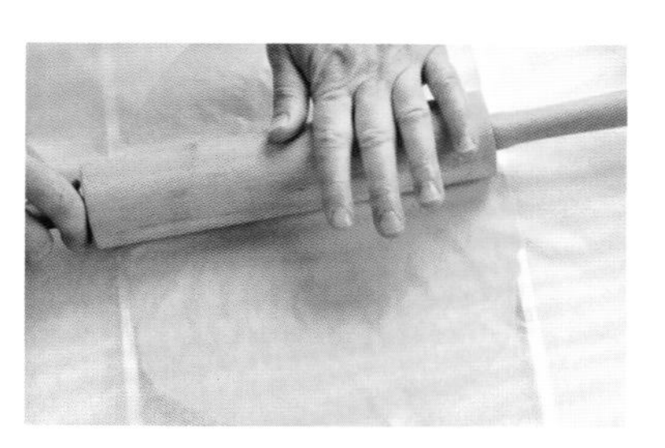

10 用擀面杖擀开。

课程51 焦糖硬壳葡萄

Raisins dans leur coque caramel

- 将细砂糖和水倒入锅中（图1），加入几滴柠檬汁（图2）。
- 小火加热，直到糖浆的温度达到150℃（图3）之后，立即离火，放置一会儿待糖浆变成焦糖色，再放到大火上加热一下，注意不要搅拌（否则焦糖会容易结晶）。
- 用剪刀剪下白葡萄珠粒（图4），每粒留一小段葡萄梗，以便制作时能用镊子夹住。
- 用镊子夹住葡萄梗，将葡萄粒完全浸入焦糖中（图5），之后直接放在不粘烤盘（图6）或硅胶垫上，放凉即可。

- 建议：可以按照同样的方法制作紧实的草莓，但成品只能保存几个小时。
- 可以将其中的50克细砂糖换成葡萄糖，这样做出的焦糖硬壳葡萄能更好地保持形状。

原料

约30个焦糖硬壳葡萄

准备时间：15分钟
制作时间：10分钟

工具

1支温度计
1把镊子

细砂糖　250克
水　100毫升
柠檬汁　几滴
白葡萄　1串

1 将细砂糖和水倒入锅中。

2 再加入几滴柠檬汁。

3 加热至糖浆达到150℃。

4 用剪刀剪下葡萄粒，每颗留一小段葡萄梗。

5 用镊子夹住葡萄梗，将葡萄粒完全浸入焦糖中。

6 将焦糖葡萄直接放在不粘烤盘上，这是做好的样子！

课程52 菠萝小杏仁塔
Tartelettes à l'ananas

- 将15个装有馅心的小杏仁塔坯放在模具中。
- 表面撒上椰蓉（图1），放入预热至180℃的烤箱，烤12~15分钟。
- 在此期间，制作水果镜面酱（参考第178页）。
- 杏仁椰蓉小塔烤好后，表面淋些棕色朗姆酒（图2）。

- 将菠萝横向切成0.5厘米的薄片（图3）。再用大小两个圆形戳模去掉菠萝片的外皮（图4）和中间的硬心（图5）。
- 将菠萝圆环摞在一起，切成小条（图6）。
- 将杏仁椰蓉小塔摆放在不锈钢箅子上，在每个小塔表面放6根小菠萝条（图7）。
- 上面再放3根刮成细丝的青柠皮（图8）。
- 将草莓切成小丁，在每个菠萝小杏仁塔上放3粒小草莓丁。
- 放入冰箱冷藏30分钟。取出后，用刷子蘸上即将凝固的水果镜面酱刷在表面（图9）。
- 放入冰箱冷藏，享用时取出。

- 建议：选用紧实的菠萝更容易切割并做成瓷实小塔。

原料

15个菠萝小杏仁塔

准备时间：45分钟

制作时间：15分钟

工具

2个圆形戳模

1把刮丝刀

1把刷子

小塔模具

未烘烤的小杏仁塔坯（参考第186页） 15个

椰蓉 50克

棕色朗姆酒 少许

水果镜面酱（参考第178页） 少许

菠萝 1个

青柠 1个

草莓 5个

1 将装有馅心的小杏仁塔坯表面撒上椰蓉，放入预热至180℃的烤箱，烤15分钟。

2 在烤好的杏仁椰蓉小塔表面淋些棕色朗姆酒。

3 将菠萝横向切成0.5厘米厚的片。

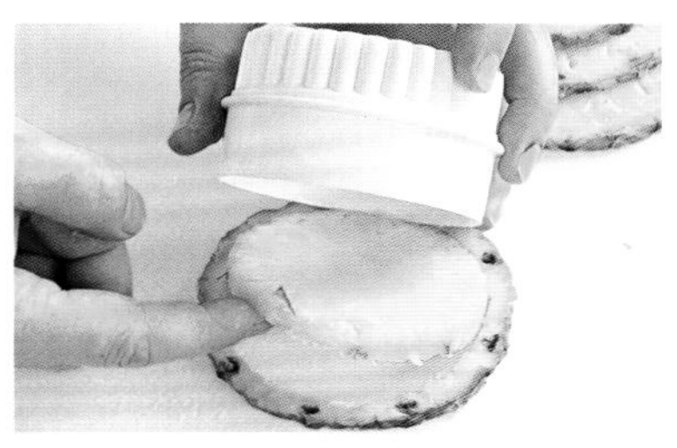

4 用大个圆形戳模去掉菠萝片的外皮。

5 再用小个圆形戳模去掉菠萝中间的硬心。

6 将菠萝圆环摞在一起，切成小条。

7 每个小塔表面放6根小菠萝条。

8 再放上3根刮成细丝的青柠皮作为装饰。

9 最后在每个菠萝小杏仁塔上放几粒小草莓丁，再在表面刷上水果镜面酱。

课程53 迷你水果塔

Mini-tartes aux fruits

- 捞出糖水黄杏，最好提前一晚沥干水分，使杏的水分不会浸湿小杏仁塔坯。

- 选5个未烘烤的小杏仁塔坯（图1），将冷冻樱桃直接放在上面，使樱桃汁不会流得太快（图2）。
- 将威廉姆斯梨切成小块（图3），分别在另外5个未烘烤的小杏仁塔坯上各放一块（图4）。再将半个黄杏内部朝上分别放在最后5个未烘烤的小杏仁塔坯上（图5）。
- 在樱桃杏仁塔坯表面撒上开心果仁碎（图6）。
- 在黄杏杏仁塔坯表面撒上杏仁片（图7）。
- 在所有水果塔坯表面中间撒上少许香草糖（图8）。
- 将一小块的黄油分别放在每个黄杏杏仁塔坯的表面（图9）。
- 将所有的迷你水果塔坯放入预热至180℃的烤箱烤15分钟。

- 建议：也可以使用罐头樱桃，只是品质稍差些，这种樱桃更多用于装饰。

原料

15个迷你水果塔

准备时间：1小时
制作时间：每炉烤15分钟

工具

小塔模具

未烘烤的小杏仁塔坯（参考第186页） 15个
糖水黄杏 150克
冷冻樱桃 100克
成熟的威廉姆斯梨 1个
开心果仁碎 50克
杏仁片 50克
香草糖 50克
黄油 25克

1 准备未烘烤的小杏仁塔坯。

2 将冷冻樱桃直接放在小杏仁塔坯上。

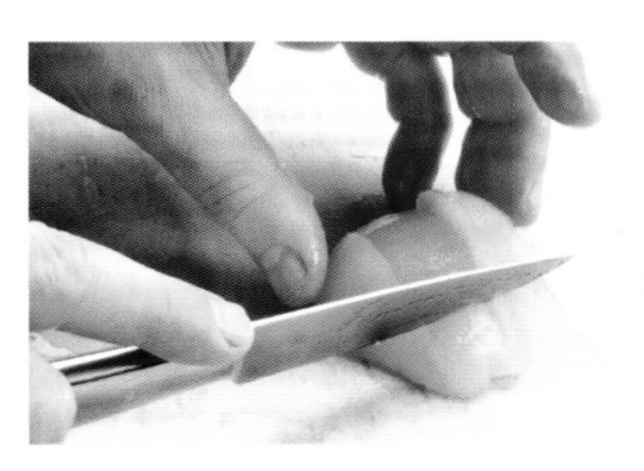

3 将威廉姆斯梨切成小块。

4 将小梨块放在小杏仁塔坯上。

5 将半个黄杏放在小杏仁塔坯上。

6 在樱桃杏仁塔坯表面撒些开心果仁碎作装饰。

7 在黄杏杏仁塔坯表面撒上杏仁片。

8 在所有的水果塔坯中间撒上少许香草糖。

9 再将一小块黄油分别放在每个黄杏杏仁塔坯的表面。

课程54 覆盆子小杏仁塔
Tartelettes à la framboise

- 将结力片在冷水中泡软。
- 将覆盆子果泥和细砂糖倒入锅中（图1），再加入鸡蛋和蛋黄（图2）。
- 小火加热直到煮开，同时用打蛋器不停搅拌（图3）。
- 煮开后离火，加入挤干水的软结力片及切成小块的黄油（图4）。搅拌均匀后用细筛网（图5），过滤到高壁容器内，用手持搅拌机搅拌1分钟（图6），直到覆盆子蛋黄酱充满气泡且浓稠润滑。
- 最后，将覆盆子蛋黄酱倒入放在不锈钢箅子上的小半球形模具中（图7）。
- 放入冰箱冷冻1个小时。

(…)

原料

25个覆盆子小杏仁塔

准备时间：1小时
制作时间：15分钟

工具
1个细筛网
1个手持搅拌机

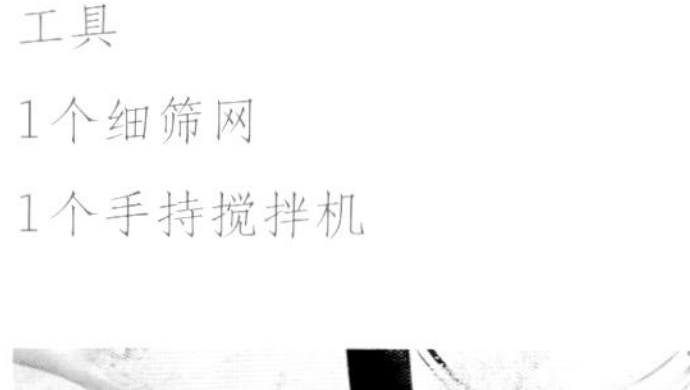

小半球形模具
迷你塔形模具
1把不锈钢抹刀

未烘烤的小杏仁塔坯（参考第186页） 25个
新鲜覆盆子 125克

覆盆子馅心原料
结力片 4克
覆盆子果泥 200克
细砂糖 60克
蛋黄 3个
鸡蛋 1个
黄油 75克

乳白镜面酱（参考第180页）
粉色食用色素 少许
冷冻的水晶玫瑰花瓣 几片

1 将覆盆子果泥和细砂糖倒入锅中加热。

2 搅拌的同时，加入鸡蛋和蛋黄。

3 用打蛋器不停搅拌，直到煮开。

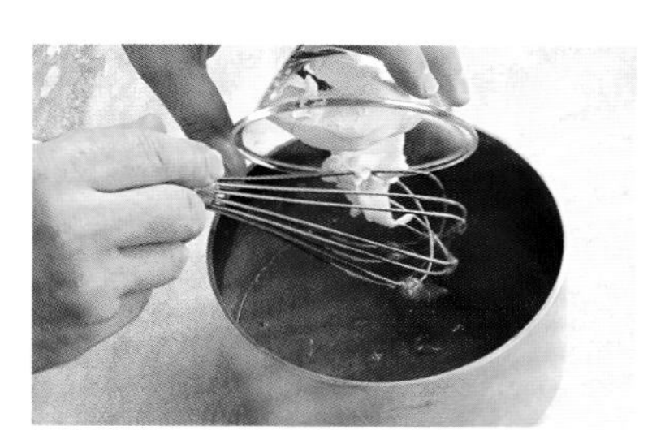

4 离火后加入挤干水的软结力片及切成小块的黄油。

5 搅拌均匀后用细筛网过滤。

6 再用手持搅拌机搅拌。

7 最后，将覆盆子蛋黄酱倒入放在不锈钢箅子上的小半球形模具中。

(…)

覆盆子小杏仁塔
Tartelettes à la framboise

- 在每个小杏仁塔坯内放一颗新鲜的覆盆子（图8）。
- 放入预热至180℃的烤箱，烤15分钟。

- 将冷冻好的覆盆子蛋黄酱从模具中取出后放在不锈钢箅子上（图9），在半球形表面上覆盖一层粉色镜面酱（图10和图11）。
- 将不锈钢抹刀蘸湿，将粉色镜面覆盆子馅心分别放在烤好的小杏仁塔上（图12），注意每放一个粉色镜面覆盆子馅心，抹刀就要沾一下水，避免粘黏。

- 最后用水晶玫瑰花瓣装饰即可。

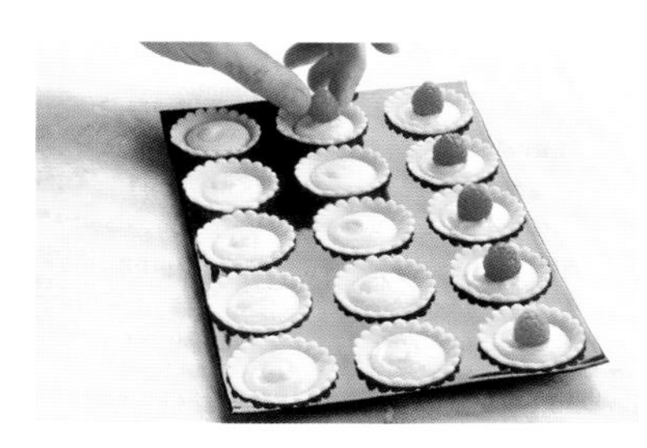

8 在每个小杏仁塔坯内放一颗新鲜的覆盆子，放入预热至180℃的烤箱，烤15分钟。

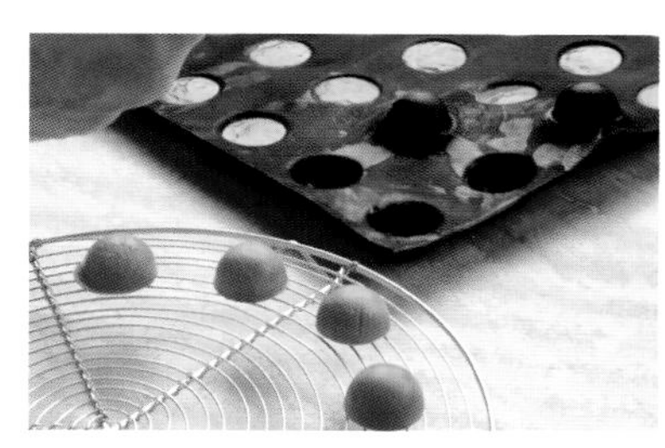

9 将冷冻好的覆盆子蛋黄酱从模具中取出后放在不锈钢箅子上。

10 用小勺在半球形的覆盆子蛋黄酱表面覆盖一层粉色镜面酱。

11 直到将所有冷冻的覆盆子蛋黄酱都浇上粉色镜面酱。

12 小心地将每个粉色镜面覆盆子馅心放在烤好的小杏仁塔上。

课程55 小青柠塔
Tartelettes au citron vert

- 将结力片在冷水中泡软。
- 将柠檬汁、青柠汁和细砂糖倒入锅中，小火加热（图1）。
- 再加入鸡蛋和蛋黄（图2），用打蛋器不停搅拌，直到煮开。
- 加入挤干水分的结力片和切成小块的软黄油（图3）。
- 搅拌均匀后过细筛网。
- 过滤到高壁容器内，用手持搅拌机搅拌1分钟，直到青柠蛋黄酱充满气泡且润滑（图4）。
- 放入冰箱冷藏1小时。

- 之后装入带有挤嘴的挤袋中，将青柠馅心挤在烤好的甜沙酥面团小塔坯中（图5）。
- 将小青柠塔放入冰箱冷冻1小时。

- 按照第178页制作水果镜面酱，加入2滴食用绿色素，变凉后刷在冷冻的小青柠塔表面。
- 最后，在表面撒些青柠皮细末即可。

原料

25个小青柠塔

准备时间：45分钟
放置时间：2小时

工具
1个挤袋
1个中号平头圆口挤嘴
1个细筛网

烤好的甜沙酥面团小塔坯（参考第182页） 25个

青柠馅心原料
结力片 3克
柠檬汁 150毫升
青柠汁 50毫升
细砂糖 60克
蛋黄 3个
鸡蛋 1个
软黄油 75克

水果镜面酱（参考第178页）
青柠皮细末 少许
食用绿色素（或者1滴食用黄色素加1滴食用蓝色素） 2滴

1 将柠檬汁、青柠汁和细砂糖倒入锅中，小火加热。

2 加入鸡蛋和蛋黄，用打蛋器不停搅拌。

3 加入挤干水分的结力片和切成小块的软黄油。

4 用手持搅拌机搅拌，直到青柠蛋黄酱充满气泡且浓稠润滑。

5 最后将青柠馅心挤在烤好的甜沙酥面团小塔坯中。

课程56 小焦糖干果塔

Tartelettes au caramel et aux fruits secs

- 将所有干果切碎（图1），放入预热至180℃的烤箱，烤10分钟，烘干。

- 在小锅中直接倒入细砂糖，中火加热，直到变成棕红色（图2）。停止加热，倒入煮开并变温的奶油，稀释焦糖，同时用木铲搅拌（图3）。

- 离火后加入冷杉蜂蜜和黄油，轻轻搅拌。
- 当焦糖混合物细腻润滑时（图4），即可加入放凉的干果碎（图5）。
- 慢慢搅拌，使焦糖裹住干果碎，避免干果碎浮在焦糖混合物表面（图6）。

- 将小塔模具里的甜沙酥面团小塔坯放入预热至200℃的烤箱，烤7分钟，之后取出放凉。最后，将焦糖干果碎馅心填入烤好的甜沙酥面团小塔坯内即可（图7和图8）。

原料

30个小焦糖干果塔

准备时间：45分钟
制作时间：7分钟

工具
小塔模具

未烘烤的甜沙酥面团小塔坯（参考第182页） 30个

烘焙杏仁 50克
烘焙松仁 15克
烘焙榛子 15克
开心果 15克
细砂糖 160克
淡奶油 50克
冷杉蜂蜜（建议选用阿尔萨斯地区的冷杉蜂蜜） 60克
黄油 35克

1 用大号刀将所有干果切碎。

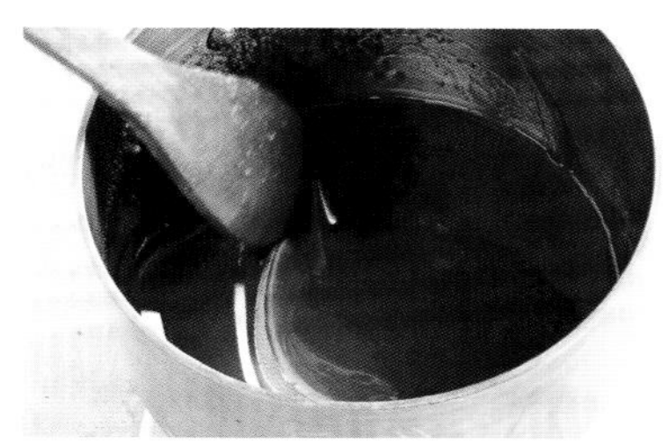

2 将细砂糖熬成焦糖。

3 停止加热，倒入煮开并变温的奶油，稀释焦糖，同时用木铲搅拌，小心外溅！

4 离火后加入冷杉蜂蜜和黄油，轻轻搅拌，直到焦糖混合物细腻润滑。

5 加入干果碎。

6 慢慢搅拌，使焦糖裹住干果碎。

7 用小勺将焦糖干果碎馅心装入烤好的甜沙酥面团小塔坯内。

8 这是填好焦糖干果碎的小焦糖干果塔。

课程57 橙子小杏仁塔

Tartelettes à l'orange

- 最好提前一晚制作糖水橙子（这样可以让橙子的味道更好地散发出来）。
- 将橙子切成2毫米的薄片（图1）。
- 将水和细砂糖倒入锅中（图2），煮开后放入橙子片浸泡（图3），之后关火。放凉后在冰箱冷藏1晚。

- 第二天，制作小杏仁塔坯（参考第186页）。
- 将黑巧克力切成小块，在每个小杏仁塔坯里放几块（图4）。
- 然后，放入预热至180℃的烤箱，烤15分钟。烤好取出后，表面淋少量君度酒。
- 捞出糖水橙子，沥干水分，保留三四片用于装饰，其余的剁成碎末（图5）。
- 用小勺将糖水橙子末铺满每个烤好的小杏仁塔表面（图6），呈弧形（图7）。
- 将橙子小杏仁塔放入冰箱冷冻15分钟。之后，在表面轻轻刷一层即将凝固的水果镜面酱（图8）。
- 将预留的糖水橙子片切成三角形，每个橙子小杏仁塔表面放一片，作为装饰。

- 建议：可以用橘子代替橙子。

原料

25个橙子小杏仁塔

准备时间：45分钟
制作时间：15分钟
放置时间：15分钟

工具
1把刷子

未烘烤的小杏仁塔坯（参考第186页） 25个
黑巧克力 50克
君度酒 少许
水果镜面酱（参考第178页）

糖水橙子所需原料
橙子 3个
水 300毫升
细砂糖 150克

1 用锋利的刀将橙子切成薄片。

2 将水和细砂糖倒入锅中煮开。

3 然后将橙子片浸泡在糖水中。

4 将黑巧克力切成小块，在每个小杏仁塔坯里放几块。

5 捞出糖水橙子，沥干水分（保留3片用于装饰），剁成碎末。

6 用小勺将糖水橙子末铺满每个烤好的小杏仁塔表面。

7 直到表面的糖水橙子末呈弧形。

8 最后，在橙子小杏仁塔表面轻轻刷一层即将凝固的水果镜面酱。

课程58 小咖啡巧克力塔

Tartelettes chocolat-café

- 首先制作巧克力酱。
- 用刀、搅拌机或手持搅拌机将黑巧克力弄碎。
- 将淡奶油和水倒入锅中，快速煮开后离火，再加入速溶咖啡（图1），用铲子搅拌均匀。
- 将一部分热咖啡奶油倒入黑巧克力碎中（图2），稍等片刻，让热咖啡奶油融化黑巧克力碎。
- 用铲子搅拌（图3），加入剩余的热咖啡奶油（图4），搅拌均匀。最后，加入软黄油块（图5），继续搅拌，直到巧克力酱浓稠润滑。注意搅拌时不要用力，避免打入气泡（图6）。

- 将烤箱预热至180℃。
- 将甜沙酥面团从冰箱取出，放在撒有薄面的案板上，擀成2毫米的薄片。再用直径6厘米的圆形戳模在面片上切割圆形小面片，之后放入小塔模内，压实。
- 放入烤箱，烤8～10分钟，随时注意烤箱内的状况。将烤好的甜沙酥面团小塔坯放在不锈钢箅子上冷却。

- 将巧克力酱装入没有挤嘴的挤袋中，挤在放凉的甜沙酥面团小塔坯内（图7）。
- 在阴凉处放置20分钟，待巧克力酱凝固。

- 准备装饰
- 轻轻搅拌常温下变硬的巧克力酱，如果凝固得太硬，可以放在暖汤池中略微加热，再装入带有细纹锯齿挤嘴的挤袋中，在小咖啡巧克力塔表面挤上小螺旋花状作为装饰。

- 建议：装饰时可以自由发挥！
- 小咖啡巧克力塔可以冷藏二三天。

原料

25个小咖啡巧克力塔

准备时间：25分钟
制作时间：10分钟
放置时间：20分钟

工具
1个挤袋
1个细纹锯齿挤嘴
1个圆形戳模
小塔模具

未烘烤的甜沙酥面团小塔坯（参考第182页） 25个

巧克力酱原料
可可脂含量70%的黑巧克力 200克
淡奶油 200克
水 1汤匙
雀巢速溶咖啡 1咖啡匙
软黄油 30克

1 锅中的淡奶油和水煮开后离火，加入速溶咖啡。

2 将一部分热咖啡奶油倒入黑巧克力碎中。

3 用铲子轻轻搅拌。

4 加入剩余的热咖啡奶油。

5 再加入软黄油块。

6 继续轻轻搅拌，避免巧克力酱里打入气泡。

7 将巧克力酱装入没有挤嘴的挤袋中，挤在放凉的甜沙酥面团小塔坯内。

课程59 迷你苹果塔

Mini-Tatin

● 按照第188页的步骤制作脆甜沙酥面团。

● 将烤箱预热至180℃。

● 将苹果去皮、去核后切成小丁（图1），放入耐高温的容器内。

● 将细砂糖倒入铜锅（或不锈钢锅）中，大火加热（图2），直到变成焦糖色（图3）：呈淡棕色时，加入水（建议用温水，会更好地与糖融合）（图4），然后加入25克黄油（图5），用木铲搅拌均匀。

(…)

原料

约25个迷你苹果塔

准备时间30分钟
制作时间：35分钟
放置时间：1小时

工具
小半球形模具
1把刷子

脆甜沙酥面团 （参考第188页）250克
水果镜面酱 （参考第178页）

黄苹果 500克
澳洲史密斯老奶奶青苹果 150克
细砂糖 200克
水 50毫升
黄油 55克

1 将苹果去皮、去核后切成小丁。

2 将细砂糖倒入锅中，加热至溶化。

3 直到变为淡棕色。

4 加入温水。

5 再加入黄油，用木铲搅拌。

(…)

迷你苹果塔
Mini-Tatin

- 将焦糖倒入苹果丁中（图6），盖上锡纸（图7）。
- 放入烤箱烤30分钟，随时观察烤箱内的状况。30分钟后，去掉锡纸，再烤5分钟，将水分挥发一些（图8）。
- 焦糖苹果放凉后，装入小半球形模具中（图9），在冰箱冷冻1小时。
- 在此期间，将30克黄油化开，用刷子将化开的温黄油刷在烤好的脆甜沙酥塔坯表面，使塔坯不会太快变软（图10）。
- 从冰箱内取出焦糖苹果，脱模后平放在不锈钢箅子上，在表面刷一层即将凝固的水果镜面酱（这种状态的镜面酱不会流得太快）。
- 最后，用抹刀将每个半球形焦糖苹果逐一放在每块脆甜沙酥饼干上（图12）。

6 将焦糖倒入苹果丁中。

7 表面盖上锡纸。

8 放入预热至180℃的烤箱，烤30分钟。这是烤好的样子！

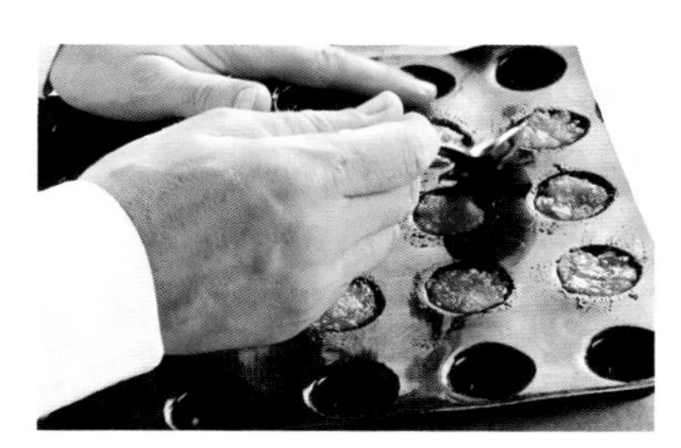

9 将焦糖苹果小心地装入小半球形模具中。

10 用刷子将化开的温黄油刷在烤好的脆甜沙酥塔坯表面。

11 在脱模后的焦糖苹果表面刷一层水果镜面酱。

12 用抹刀将每个半球形焦糖苹果逐一放在脆甜沙酥饼干上。

课程60 加勒比巧克力塔

Sablés Caraïbes

- 制作脆甜沙酥面团。
- 将烤箱预热至180℃。
- 用圆形花边戳模在可可脆甜沙酥面片上切割直径6厘米的花边圆片作为塔坯，摆放在铺有油纸或硅胶垫的烤盘上，放入烤箱，烤十几分钟。

- 将巧克力和黄油放入锅中，加热至40℃直到化开。
- 在较大的容器内，放入蛋清与细砂糖，打发成紧实的蛋白霜（图1）。
- 加入柠檬皮细末（图2）和蛋黄（图3）。用铲子轻轻翻拌（图4），注意不要破坏蛋白的气泡。
- 再加入化开的黄油巧克力（图5），朝中央翻拌，同时一点一点地转动容器，直到所有原料混合均匀（图6），成为巧克力慕斯。
- 将巧克力慕斯装入挤袋，挤入小半球形模具里（图7），轻拍模具，使巧克力慕斯表面平滑，放入冰箱冷冻至少2小时。
- 脱模后平放在不锈钢箅子上（图8）。可可镜面酱快变凉时，用餐匙浇在半球形的巧克力慕斯表面（图9）。
- 接着放在烤好的可可脆甜沙酥面坯上。

- 最后，用刀在巧克力板上刮出巧克力碎片，装饰在加勒比巧克力塔的周围。

原料

25个加勒比巧克力塔
准备时间：30分钟
制作时间：10分钟
放置时间：2小时

工具
1个直径6厘米的圆形花边戳模
1个挤袋
1个平头圆口挤嘴
小半球形模具
1台搅拌机

脆甜沙酥面团 （参考第188页）250克 + 可可粉 （面粉重量的10%）

巧克力慕斯原料
巧克力 100克
黄油 20克
蛋清 3个
细砂糖 50克
柠檬 1个
蛋黄 2个

装饰原料
可可镜面酱 （参考第181页）400克
巧克力板 （削成碎片） 1块

1 用电动手持搅拌器将蛋清和细砂糖打发。

2 然后加入柠檬皮细末。

3 再加入蛋黄。

4 用铲子从下到上轻轻翻拌。

5 再加入化开的黄油巧克力。

6 将所有原料混合均匀，避免破坏蛋白的气泡，做成巧克力慕斯。

7 将巧克力慕斯装入挤袋，挤入小半球形模具里。

8 巧克力慕斯冷冻好后，脱模平放在不锈钢箅子上。

9 可可镜面酱快变凉时，用餐匙浇在半球形的巧克力慕斯表面。

课程61 黑森林塔 Forêts-noires

- 制作脆甜沙酥面团。
- 将烤箱预热至180℃。
- 用圆形花边戳模在可可脆甜沙酥面片上切割直径6厘米的花边圆片作为塔坯，摆放在铺有油纸或硅胶垫的烤盘上，放入烤箱，烤十几分钟。
- 将牛奶巧克力放入暖汤池中隔水加热至半融化状态。
- 制作英式奶油酱。
- 将新鲜的全脂牛奶倒入小锅中煮开。
- 在小盆中，混合细砂糖和蛋黄（图1），搅拌至颜色变浅（图2）。将煮开的牛奶慢慢倒入蛋液里（图3），同时搅打。之后倒回锅内，小火加热，不停搅拌。温度达到82℃时（图4），一点一点地倒入半融化的牛奶巧克力里（图5）。用铲子搅拌（图6），观察温度，直到40～45℃。

(…)

原料

约40个黑森林塔

准备时间：30分钟
制作时间：10分钟

工具
1个直径6厘米的圆形花边戳模
1个挤袋
1个中号平头圆口挤嘴
1支温度计

脆甜沙酥面团（参考第188页）250克＋可可粉（面粉重量的10%）

法芙娜吉瓦纳牛奶巧克力 275克

英式奶油酱原料
新鲜的全脂牛奶 120毫升
细砂糖 10克
蛋黄 1个

掼奶油 225克

樱桃 150克

1 在小盆中，混合细砂糖和蛋黄。

2 将蛋液搅打至颜色变浅。

3 在蛋液中慢慢地倒入煮开的牛奶，同时不停搅拌。

4 加热至82℃（图4）。

5 将英式奶油酱一点一点地倒入半融化的牛奶巧克力里，直到温度为50℃。

6 用铲子将英式巧克力奶油酱搅拌均匀。

（…）

黑森林塔
Forêts-noires

- 在英式巧克力奶油酱中加入一小部分掼奶油（即打发的奶油）（图7），用铲子轻轻翻拌均匀，再加入剩余的掼奶油（图8）继续翻拌均匀。
- 这是搅拌好的英式巧克力奶油酱慕斯（图9）。放入冰箱冷藏30分钟，直到浓稠。
- 即可装入带有挤嘴的挤袋中，挤在烤好并放凉的可可脆甜沙酥面坯上，再放上3颗樱桃（图10）。
- 上面再挤一点英式巧克力奶油酱慕斯（图11），盖上另一块可可脆甜沙酥面坯（图12和图13）。
- 最后，在顶部中心挤一点英式巧克力奶油酱慕斯，上面放一颗樱桃装饰。

7 分两次将掼奶油加入英式巧克力奶油酱中。

8 用铲子轻轻翻拌均匀。

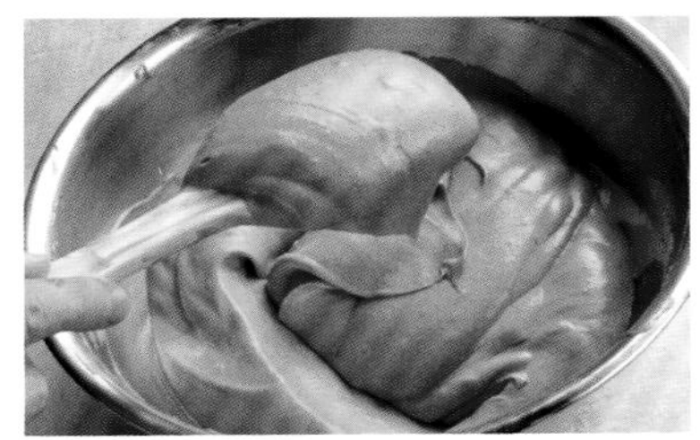

9 这是做好的英式巧克力奶油酱慕斯。

10 将英式巧克力奶油酱慕斯装入带有挤嘴的挤袋中，挤在可可脆甜沙酥面坯上，再放上3颗樱桃。

11 上面再挤一点英式巧克力奶油酱慕斯。

12 盖一块可可脆甜沙酥面坯。

13 最后，在顶部中心挤一点英式巧克力奶油酱慕斯，上面放一颗樱桃装饰。

课程62 开心果小蛋糕 Moelleux pistache

- 将烤箱预热至180℃。
- 将糖粉和杏仁粉倒入搅碎机中搅碎（图1）。
- 将黄油放入锅中，小火加热至化开，然后保温（图2）。
- 将开心果仁酱也倒入搅碎机中（图3），再次开启搅碎机，同时一个接一个地放入鸡蛋（图4），使面糊润滑。
- 最后，倒入化开的黄油（图5），搅拌几秒即可。
- 将做好的开心果面糊装入带有挤嘴的挤袋中，挤入每个小蛋糕模具的四分之三处（图6）。
- 在每个开心果面糊上放一颗覆盆子（图7），同时向下轻按。

- 当然也可以将整粒开心果仁切碎，撒在模具中开心果面糊的表面（图8和图9）。也可以用其他水果，如：樱桃、红葡萄等。
- 放入烤箱，烤12分钟。

- 建议：可以用能多益®（Nutella®）、花生酱或栗子酱代替开心果仁酱。
- 最后不需要再放开心果仁碎了。

原料

约20个开心果小蛋糕

准备时间：20分钟
制作时间：12分钟

工具

小蛋糕模具1个
1个挤袋
1个中号平头圆口挤嘴
1台搅碎机

糖粉　125克
杏仁粉　165克
黄油　125克
开心果仁酱　20克
鸡蛋　4个
覆盆子　125克
整粒开心果仁　100克

1　将糖粉和杏仁粉倒入搅碎机中搅碎。

2　将黄油放入锅中，小火加热至化开。

3　将开心果仁酱也倒入搅碎机中，与糖粉、杏仁粉一起搅拌。

4　搅拌的同时，一个接一个地放入鸡蛋。

5　最后倒入化开的黄油。

6　将做好的开心果面糊装入带有挤嘴的挤袋中，挤入每个小蛋糕模具的四分之三处。

7　在每个开心果面糊表面放一颗覆盆子。

8　将整粒开心果仁放在案板上，切碎。

9　将开心果仁碎撒在开心果面糊上。放入预热至180℃的烤箱，烤12分钟。

课程63 甜酥皮泡芙

Choux tricotés

● 制作泡芙甜酥面皮。

● 用打蛋器将软黄油搅打成膏状（图1），加入红糖（图2），继续搅拌，再放入面粉（图3），搅拌成甜酥面团（图4）。

● 根据所选的食用色素的种类，将甜酥面团分成三四份，每份里加入一点食用色素，搅拌均匀（图5和图6）。

● 分别将每份面团放在两张油纸之间（图8），擀成二三毫米的薄片（图7），再放入冰箱冷冻。

● 将烤箱预热至200℃。

(…)

原料

6人份

准备时间：45分钟
制作时间：20～25分钟

工具
1个挤袋
1个直径8毫米的平头圆口挤嘴

泡芙甜酥面皮原料
软黄油 50克
红糖 60克
面粉 60克
食用色素 少许

泡芙面团原料
面粉 150克
牛奶 150克
水 100克
盐 ½咖啡匙
细砂糖 1汤匙
黄油 80克
鸡蛋 四五个
黄油和面粉（用于涂抹在烤盘上） 少许

1 用打蛋器将软黄油搅打成膏状。

2 加入红糖。

3 再加入面粉。

4 用打蛋器搅拌，做成甜酥面团。

5 将甜酥面团分成三四份，根据需要在每份甜酥面团里加入一点食用色素。

6 搅拌均匀，直到颜色一致。

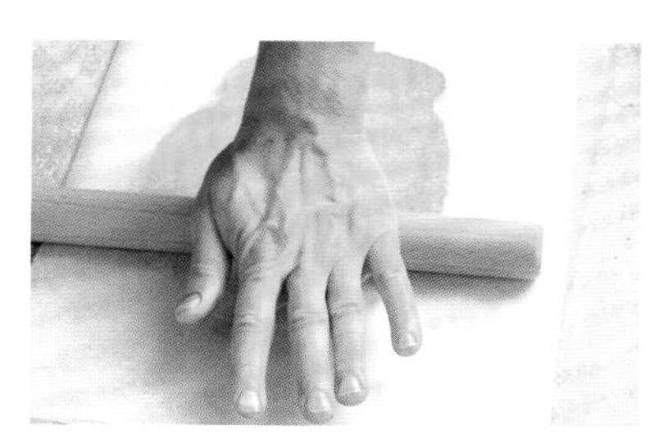
7 将甜酥面团擀开。

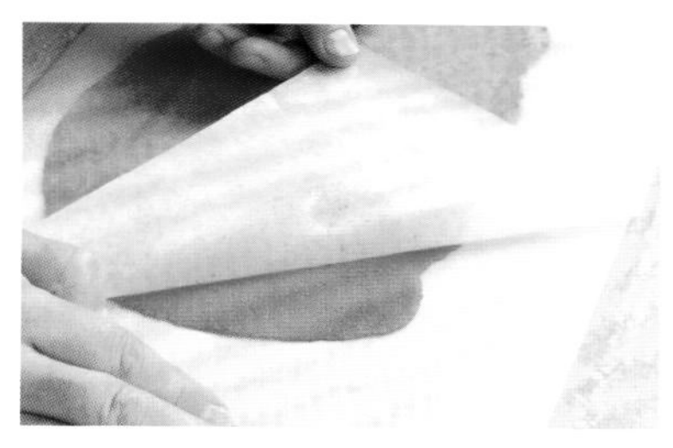
8 将甜酥面团放在两张油纸之间，擀成薄片，放入冰箱冷冻。

（…）

甜酥皮泡芙
Choux tricotés

- 接下来制作泡芙。
- 将面粉过细筛网。
- 锅内倒入牛奶、水、盐、细砂糖和黄油（图9），小火加热。煮开后离火，一次性撒入全部面粉。
- 用铲子快速搅拌。
- 将锅放在小火上，用力并不停地搅拌面团2分钟，直到润滑且不粘锅边。
- 将面团倒在容器内，加入第1个鸡蛋（图10），用力搅拌，直到面团将鸡蛋完全吸收，细腻润滑后，加入第2个鸡蛋（图11）。重复此操作，直到将4个鸡蛋加入（图12），和成泡芙面团。
- 将第5个鸡蛋磕入小碗中，用餐叉搅拌均匀。
- 这时的泡芙面团要有韧性，拿起来出现细尖且不易掉下。如果面团过于浓稠，可以再加入一点蛋液稀释，搅拌均匀。
- 将泡芙面团装入挤袋后，挤在抹有黄油和撒有薄面的烤盘或硅胶垫上，呈直径2厘米的小球，之间留出一定的距离（图13）。
- 取出冷冻的甜酥面片，切成2厘米的正方形（图14）。
- 之后，放在每个泡芙面坯球的顶部（图15）。

- 将烤盘放在烤箱的中间，烤20～25分钟。为保证炉内热气稳定，烘烤期间不要打开烤箱门。

- 建议：烤泡芙时，最好选用耐热硅胶不粘垫。
- 泡芙烤好并定形后，就可以在烤箱内接触流动的空气了，这样可以使泡芙表面形成酥脆美味的外壳。
- 也可以在泡芙里填上自己喜欢的奶油馅心。

9 锅内倒入牛奶、水、盐、细砂糖和黄油，小火加热，煮开后倒入面粉，用力搅拌。

10 加入1个鸡蛋。

11 搅拌均匀后，再加入1个鸡蛋。

12 直到加入第4个鸡蛋，和成泡芙面团。

13 将泡芙面团挤在抹有黄油和撒有薄面的烤盘上，呈小球形。

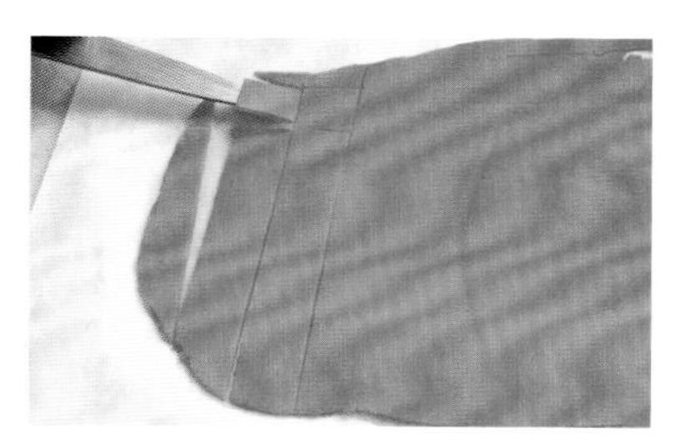

14 将带颜色的甜酥面片切成2厘米的正方形。

15 盖在每个泡芙面坯球的顶部。放入预热至200℃的烤箱，烤15～20分钟。

课程64 翻糖泡芙 Choux fondants

- 制作牛奶蛋黄酱。
- 将一半的细砂糖和玉米淀粉放入盆中，加入蛋黄（图1），充分搅打搅拌至浅黄色（图2）。
- 将全脂牛奶和剩下的一半细砂糖倒入锅中，搅拌均匀，加热煮开后离火。逐渐冲入混合的蛋液中，搅拌均匀（图3）。将混合物倒回锅中，中火加热，同时不停地快速搅拌（图4），直到液体浓稠后，离火，加入黄油，搅拌均匀。
- 将牛奶蛋黄酱分成4等份，加入不同的香精（紫罗兰、玫瑰、香草等），再分别倒在铺有保鲜膜的盘子上（图5）。完全包裹好，避免风干（图6），放入冰箱冷藏。

(…)

原料

6人份

准备时间：1小时
制作时间：15~20分钟

工具
1支温度计
1个挤袋
1个平头圆口挤嘴
小半球形模具

牛奶蛋黄酱原料
细砂糖　120克
玉米淀粉　50克
蛋黄　120克
全脂牛奶（重要！）500毫升
黄油　50克
香精（紫罗兰、玫瑰、香草）各适量

泡芙面团（参考第226页）

翻糖镜面酱原料
白色翻糖　250克
水　50毫升
食用色素　少许

1 在混合的细砂糖和玉米淀粉中加入蛋黄。

2 充分搅打至蛋液变成浅黄色。

3 加入热牛奶，搅拌。

4 放在火上加热，同时不停搅拌。

5 将做好的牛奶蛋黄酱倒在保鲜膜上。

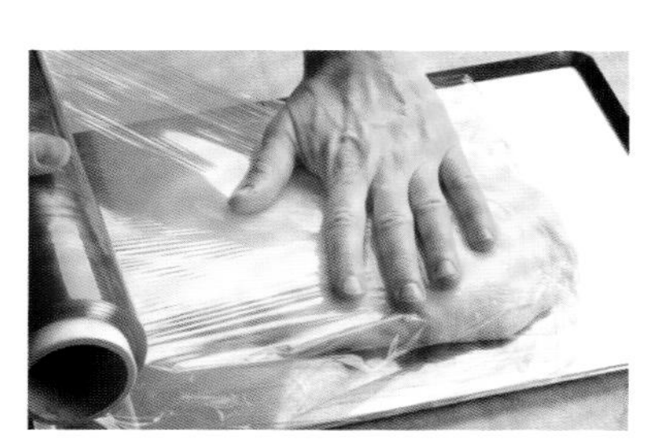

6 裹好。

(…)

翻糖泡芙
Choux fondants

- 将烤箱预热至180℃。
- 按照第227页的第9～13步骤制作泡芙面团。
- 将挤好的泡芙面团球放入预热至180℃的无风烤箱，烤25分钟。特别注意在烘烤期间，不要打开烤箱门，否则会影响泡芙膨胀。
- 烤好的泡芙放在不锈钢箅子上冷却。

- 将牛奶蛋黄酱从冰箱取出，搅拌均匀，装入带有挤嘴的挤袋中。在每个泡芙底部插个小孔，挤入牛奶蛋黄酱。

- 接下来，制作翻糖镜面酱。
- 将白色翻糖与水放入锅中（图7），加热至35℃（图8）。
- 加入食用色素（图9），用木铲搅拌均匀后（图10），将泡芙顶部浸入并沾匀（图11和图12）。凝固后，即可享用！

- 当然，也可以将一点翻糖镜面酱倒入小半球形模具内（图13和图14），再放入泡芙，在冰箱里冷冻2小时，脱模即可。

- 建议：可大胆选用不同的食用色素制作不同颜色的翻糖镜面酱。

7 将翻糖与水放入锅中加热。

8 直到35℃。

9 加入食用色素。

10 搅拌均匀。

11 将泡芙顶部浸入带颜色的翻糖里。

12 将泡芙表面的翻糖抹匀抹平。

13 也可以将一点翻糖镜面酱倒入小半球形模具内。

14 再将泡芙放入模具里。

课程65 草莓金砖小蛋糕

Financiers fraise

- 将黄油放在小锅内，大火加热至化开，直到略微上色（呈浅棕色），有些焦香味（图1），即可离火，滤掉黄油里的渣滓（图2），将化开的黄油倒入碗中，变温后再使用。

- 将烤箱预热至180℃。
- 在盆中倒入杏仁粉、榛子粉、糖粉和面粉（图3）。
- 用小刀将香草豆荚剖开，刮下里面的籽（图4）。
- 放入混合的面粉里（图5）。
- 加入蛋清（图6）和杏果肉，用铲子搅拌均匀。再加入温黄油（图7），轻轻搅拌，直到和成润滑均匀的面糊（图8）。
- 将面糊倒入小船形的模具内，中间放上切成四分之一份的草莓（图9）。
- 放入烤箱，烤十几分钟。
- 草莓金砖小蛋糕烤好后，从烤箱取出，表面撒一些香草糖即可。

原料

约20个草莓金砖小蛋糕

准备时间：15分钟
制作时间：10分钟

工具
小船形模具

黄油　150克
杏仁粉　70克
榛子粉　30克
糖粉　170克
面粉　50克
香草豆荚　1根

蛋清　150克（约5个蛋清）
杏果肉　20克

草莓　100克
香草糖　50克

1 将黄油放在小锅内，大火加热至化开，直到有些焦香味。

2 用细筛网滤掉黄油里的渣滓。

3 将杏仁粉、榛子粉、糖粉和面粉倒入盆中。

4 用小刀将香草豆荚剖开，刮下里面的籽。

5 将香草籽放入混合的面粉中。

6 加入蛋清和杏果肉。

7 加入温黄油，用铲子轻轻搅拌。

8 这是做好的面糊：细腻润滑。

9 将面糊倒入小船形的模具内，中间放一小块草莓。放入预热至180℃的烤箱，烤10分钟。

课程66 无花果蛋卷

Roulés aux figues

- 提前一晚制作甜沙酥面团，在里面加入半个柠檬皮细末。之后用保鲜膜包好，冷藏。

- 搅碎机内放入无花果干（图1），打成细碎。搅碎时，分几次加入淡奶油（图2），直到奶油无花果混合成酱。
- 将甜沙酥面团放在案板上，先用擀面杖压扁（图3），以便将面团擀成面片，降低破损的概率。
- 在案板上撒些薄面，将甜沙酥面团擀成约3毫米的薄片（图4）。
- 在甜沙酥面片上撒些薄面，然后卷在擀面杖上（图5）。
- 腾挪并展开在一张油纸上（图6）。切掉甜沙酥面片的四边（图7）。放入冰箱冷冻几分钟。

（…）

原料

40块无花果蛋卷

准备时间：30分钟
制作时间：10分钟
放置时间：1小时

工具
1个搅碎机
1把抹刀
油纸

甜沙酥面团（参考第182页）300克
柠檬　1/2个
无花果干　200克
脂肪含量30%的淡奶油　120克

1 在搅碎机内放入无花果干，打成细碎。

2 再分几次加入淡奶油。

3 用擀面杖将前一天做好的甜沙酥面团压扁。

4 在案板上撒些薄面，将甜沙酥面团擀成约3毫米的薄片。

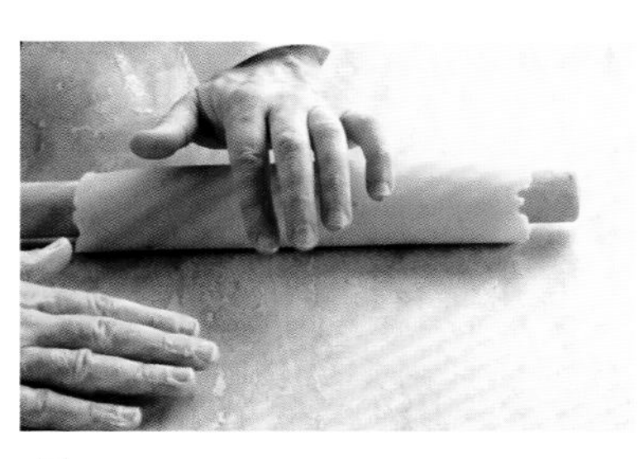

5 将甜沙酥面片卷在擀面杖上。

6 将面片腾挪并展开在一张油纸上。

7 切掉甜沙酥面片的四边，成为长方形。

(…)

无花果蛋卷
Roulés aux figues

- 用抹刀将奶油无花果酱均匀地抹在面片上（图8），然后用油纸将面片卷起，卷成像树的年轮一样的卷，注意从开始就要卷紧（图9和图10）。
- 用抹刀或塑料尺子向前推动面卷，使面卷卷得更紧实（图11），直到卷成粗细一致的无花果蛋卷坯。
- 放入冰箱冷藏至少1小时，使面卷变得硬实。
- 将烤箱预热至180℃。
- 将冷藏后的无花果蛋卷坯切成5毫米厚的片（图12），摆放在铺有油纸或硅胶垫的烤盘上（图13）。
- 放入烤箱，烤十几分钟即可。

- 建议：最好使用耐高温硅胶垫，可以使做好的无花果蛋卷不会粘在烤盘上。

8 用抹刀将奶油无花果酱均匀地抹在面片上。

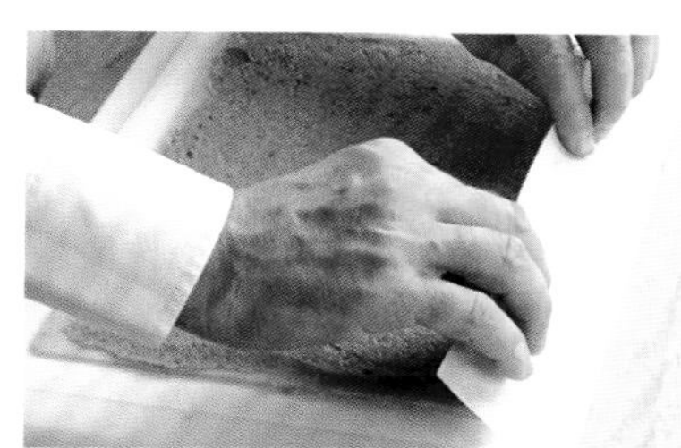

9 用油纸将面片卷成卷儿。

10 注意开始卷的时候，就要将面片卷紧。

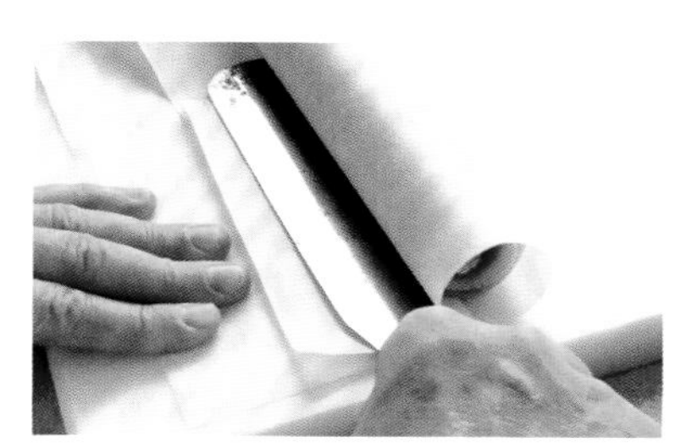

11 再用抹刀向前推动面卷，使面卷卷得更紧实。放入冰箱冷藏至少1小时。

12 将无花果蛋卷坯切成5毫米厚的片。

13 将切好的无花果蛋卷片摆放在铺有油纸的烤盘上。放入预热至180℃的烤箱，烤10分钟。

课程67 梨味罗纹小蛋糕

Cannelés aux poires

- 将牛奶倒入小锅中煮开，然后，加入半根香草豆荚及籽。建议：将整根香草豆荚放在案板上，用小刀纵向剖成两半，再用刀尖将内部的籽刮下来（图1）。

- 将软黄油放入盆中，隔水加热并搅拌，直到黄油成为软膏状（图2），即可离火。加入细砂糖（图3）、蛋黄（图4）、鸡蛋、面粉和盐，最后倒入威廉姆斯梨酒（图5），不要搅打，搅拌均匀即可。
- 然后倒入热香草牛奶（图6），用打蛋器轻轻搅拌成面糊（图7）。
- 放入冰箱冷藏至少12小时。

- 将烤箱预热至220℃。
- 准备模具，可以在罗纹小蛋糕模具里刷一层黄油，不刷也可以。
- 将面糊倒入模具的三分之二处。
- 放入烤箱，烤30～35分钟。
- 烤好后，趁热脱模，常温下享用即可。

原料

约25个梨味罗纹小蛋糕

准备时间：15分钟
放置时间：12小时
制作时间：30分钟

工具

罗纹小蛋糕模具

牛奶　250克
香草豆荚　½根
软黄油　25克
细砂糖　125克
蛋黄　1个
鸡蛋　1个
威廉姆斯梨酒　25克
面粉　60克
盐　1捏

1　将整根香草豆荚用小刀纵向剖开，再用刀尖将内部的籽刮下来。

2　将软黄油放入盆中，搅拌成软膏状。

3　加入细砂糖。

4　加入鸡蛋、威廉姆斯梨酒。

5　加入面粉和盐。加入每种原料时，搅拌均匀后再加下一种。

6　然后倒入热香草牛奶。

7　用打蛋器轻轻搅拌。

课程68 小方块奶酪蛋糕 Cheesecakes carrés

- 将烤箱预热至180℃。

- 首先制作底坯面团。
- 将所有底坯面团的所需原料放入搅碎机中（图1），需要长时间将原料搅碎，和成质地均匀的底坯面团（图2）。
- 将不锈钢方圈模具放在铺有油纸（图3）或硅胶垫的烤盘上，模具里放入底坯面团，再用抹刀将底坯面团抹平（图4）。

(…)

原料

25个小方块奶酪蛋糕

准备时间：1小时

制作时间：30分钟

工具

1个长23厘米、宽16厘米的不锈钢方圈模具

1台搅碎机

1把不锈钢抹刀

底坯面团原料

饼干　100克

软黄油　75克

细砂糖　50克

面粉　25克

水　1咖啡匙

奶酪蛋糕原料

奶油奶酪　320克

软黄油　160克

细砂糖　160克

鸡蛋　4个

香草奶油酱原料

奶油奶酪　4块

香草豆荚　1根

淡奶油　150克

糖粉　20克

樱桃　125克

1　将所有底坯面团所需的原料放入搅碎机中打碎。

2　这是做好的底坯面团：细腻均匀。

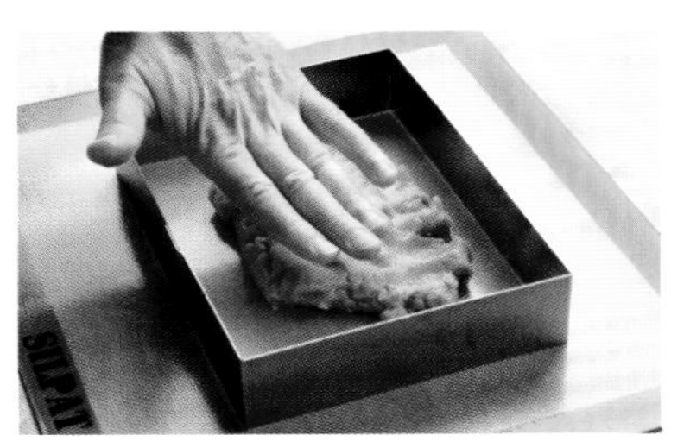

3　将不锈钢方圈模具放在铺有油纸的烤盘上，里面放入底坯面团。

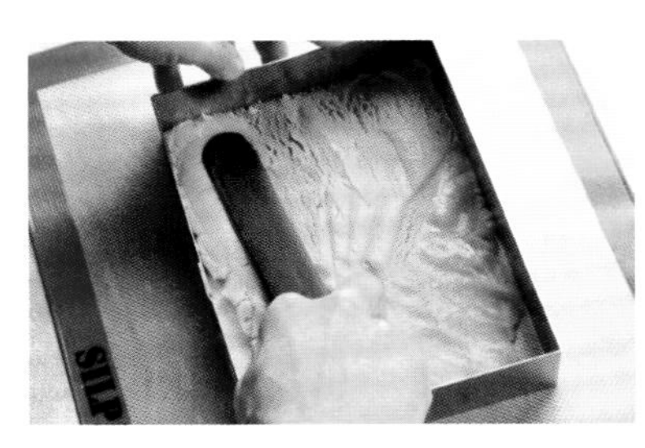

4　用抹刀将底坯面团抹平。

(…)

小方块奶酪蛋糕
Cheesecakes carrés

- 接下来制作奶酪蛋糕。
- 将奶油奶酪和软黄油倒入盆中（图5），再加入细砂糖和蛋黄（图6）。用打蛋器充分搅拌，直到所有原料混合均匀、细腻润滑（图7）。
- 将做好的鸡蛋黄油奶酪酱倒入不锈钢方圈模具里（图8）。放入烤箱，烤30分钟。这是烤好后的效果（图9）。放至冷却。

- 制作奶酪蛋糕表面的香草奶油酱。
- 将奶油奶酪放入盆中，用铲子搅拌至均匀细腻（图10），之后加入香草籽，与淡奶油和糖粉一起打发成掼奶油（图11）。
- 轻轻地从下到上翻拌均匀（图12），避免破坏掼奶油中的气泡。
- 将做好的香草奶油酱倒在烤好的奶酪蛋糕表面，用抹刀抹平（图13）。
- 最后，拿掉不锈钢方圈，用尺子将奶酪蛋糕切成小方块，表面放一颗樱桃作为装饰。

5 将奶油奶酪和软黄油倒入盆中。

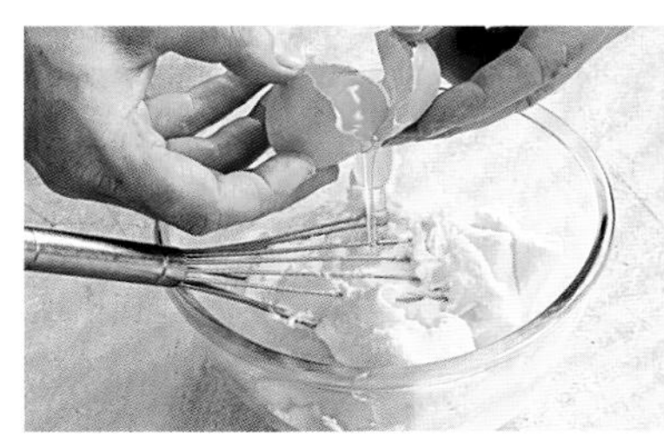

6 加入细砂糖和蛋黄。

7 用打蛋器充分搅拌，直到所有原料混合均匀，细腻润滑。

8 将做好的鸡蛋黄油奶酪酱倒入不锈钢方圈模具里的底坯面团上。

9 放入预热至180℃的烤箱，烤30分钟。这是烤好的效果。

10 用铲子将奶油奶酪搅拌均匀。

11 加入香草籽，与淡奶油和糖粉一起打发成掼奶油。

12 轻轻地从下到上翻拌均匀，避免破坏掼奶油中的气泡。

13 将做好的香草奶油酱倒在烤好的奶酪蛋糕表面，用抹刀整平。

课程69 椰蓉小蛋糕 Congolais

- 将烤箱预热至220℃。

- 将椰蓉和细砂糖放入容器内（图1），之后倒入蛋清（图2）和苹果泥（图3）。先用铲子搅拌（图4），再用手搅拌均匀（图5）。
- 放在50℃的暖汤池上，隔水加热10分钟，再用铲子搅拌均匀至黏稠。
- 在烤盘上铺一张油纸或者硅胶垫。将混合好的苹果椰蓉装入无挤嘴的挤袋中，在烤盘里挤出许多小堆儿（图6）。
- 变凉后，用润湿的双手先将苹果椰蓉搓揉成小球（图7），再将一头搓尖，直到表面光滑，呈锥形（图8）。
- 放入预热至220℃的烤箱，烤六七分钟。烤至3分钟时，调转一次烤盘，使椰蓉小蛋糕颜色一致。

- 建议：市场上有许多种类的椰蓉，如果使用的某个牌子的椰蓉不能较好的粘黏成团，下次就换另一个牌子的椰蓉。
- 为了能烤出更好的成品，最好使用耐热硅胶垫，即使不在上面抹油，也不会粘黏。

原料

约25个椰蓉小蛋糕

准备时间：10分钟

制作时间：六七分钟

工具

1支温度计

1个挤袋

椰蓉　100克

细砂糖　90克

蛋清　40克

苹果泥　10克

1 将椰蓉和细砂糖放入容器内。

2 然后，倒入蛋清。

3 再加入苹果泥。

4 先用铲子搅拌所有原料。

5 再用手搅拌均匀，之后放在暖汤池上，隔水加热。

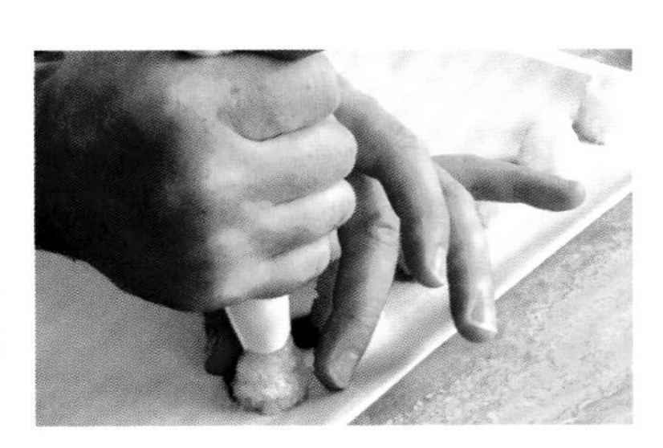

6 将混合好的苹果椰蓉装入挤袋中，在烤盘内挤出许多小堆儿。

7 用润湿的双手先将苹果椰蓉搓揉成小球。

8 然后将一头搓尖，直到表面光滑，呈锥形。

课程70 勃朗峰栗子小蛋糕 Monts-blancs

- 按照第188页的步骤制作脆甜沙酥圆形小面片，烤好后，放凉待用（图1）。

- 将淡奶油倒入搅拌机钢桶或不锈钢盆中，放入冰箱冷藏。
- 将软黄油膏放入搅拌机内，中速搅拌（图2），直到充满大量空气而膨胀。
- 然后，分几次加入栗子酱（图3和图4）。注意，栗子酱千万不要放在冰箱冷藏，会使黄油变硬且混合的原料分离。
- 从冰箱取出淡奶油，先慢速搅拌，再逐渐变成快速搅拌。当体积膨胀至之前的2倍，且打蛋器上出现小尖，即可停止。装入带有中号挤嘴的挤袋中，均匀地挤在每个烤好的脆甜沙酥圆形小面坯上，呈锥形（图5），像白色的山峰（也可以先在烤好的脆甜沙酥圆形小面坯表面抹一层化开的黄油，做好防潮处理后，再挤上掼奶油）。

- 在容器内放入一些栗子酱和棕色朗姆酒，搅拌均匀（图6）。
- 装入带有细口挤嘴的挤袋中。将勃朗峰小蛋糕放在一根木条上，将朗姆酒栗子酱来回挤在掼奶油上（图7），直到将小蛋糕完全覆盖。
- 用圆形戳模沾些糖粉（避免与朗姆酒栗子酱粘黏），套在每个勃朗峰栗子小蛋糕上，去除周围多余的朗姆酒栗子酱（图8）。最后，在表面撒些糖粉即可。

原料

20个勃朗峰栗子小蛋糕

准备时间：45分钟

工具

2个挤袋

1个中号平头圆口挤嘴

1个非常细的圆口挤嘴

1个圆形戳模

1根木条

脆甜沙酥小圆形面片 （参考第188页） 20个

淡奶油 200克

软黄油膏 40克

栗子酱 150克

棕色朗姆酒 1咖啡匙

糖粉 50克

1 将脆甜沙酥圆形小面片烤好后，放凉待用。

2 将软黄油膏放入搅拌机内，中速搅拌。

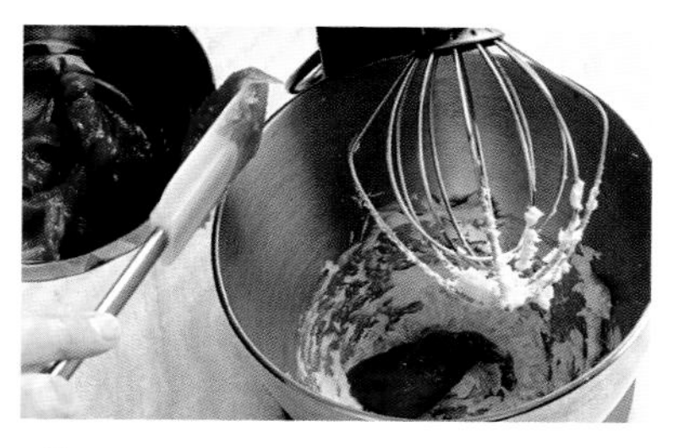

3 然后加入栗子酱。

4 注意要分几次加入栗子酱。

5 将打发的掼奶油挤在每个烤好的脆甜沙酥圆形小面坯上，呈锥形。

6 将栗子酱和棕色朗姆酒搅拌均匀。

7 将朗姆酒栗子酱来回挤在掼奶油上，作为装饰。

8 用圆形戳模去除每个勃朗峰栗子小蛋糕周围多余的朗姆酒栗子酱。